ECONOMIES D'ENERGIE DANS LE BATIMENT

ZONES TROPICALES & CHAUDES

Tome 2

Pratique de l'évaluation des économies d'énergie dans le bâtiment

Pr Yézouma COULIBALY

ECONOMIES D'ENERGIE DANS LE BATIMENT

ZONES TROPICALES & CHAUDES

Tome 2

Pratique de l'évaluation des économies d'énergie dans le bâtiment

PU

Éditions Sud Sciences et Technologies Rue de la science
13 BP 168 Ouaga Somgandé 13 Burkina Faso

ISBN : 979-10-90524-64-4
EAN : 9791090524644

Table des matières

Introduction

La première partie de cet ouvrage consacrée à l'énergie dans le bâtiment, faisait appels aux notions de thermodynamique, thermique, d'électricité, d'hydraulique, et même de chimie nécessaires au calcul des économies d'énergie.

Toute utilisation ou transformation de l'énergie obéit au second principe de la thermodynamique ou règle de dégradation de l'énergie. Il explique comment l'énergie doit être continuellement transformée pour conduire à des formes d'énergie dégradées ou moins nobles qu'est la chaleur de bas niveau thermique.

Brûler un combustible, produire du froid, faire de l'énergie mécanique, générer de l'électricité crée de la lumière, nécessitent la dégradation d'une énergie primaire disponible en une forme d'énergie secondaire, utile mais avec une perte irréversible.

L'efficacité énergétique n'est ni plus ni moins qu'une lutte contre ce processus pour tenter de le détourner de son cours naturel, de le retarder, et de minimiser les pertes.

La deuxième partie de cet ouvrage donne les méthodes pratiques qui permettent d'atteindre cet objectif. Elle reprend les principes théoriques de production transformation et utilisation des formes d'énergie vues dans la première partie pour illustrer comment il est possible de minimiser les pertes par dégradation de l'énergie et propose pour chaque processus une recette d'évaluation de ces pertes.

Elle passe en revue toutes les mesures susceptibles de conduire à une économie d'énergie substantielle dans le bâtiment en donnant quand cela est possible les exemples les plus appropriés de réduction des gaspillages.

L'objectif assigné de cette partie du livre est de mettre à la portée du technicien, de l'ingénieur, du décideur, des élèves et professeurs et toute autre personne désireuse de réaliser ou évaluer des économies d'énergie dans le bâtiment, un outil pratique d'investigation et de calcul de ces économies.

9 Le bâtiment et ses usagers

9.1 Sobriété énergétique

Les économies d'énergie sont un champ très vaste d'investigation qui en fait aujourd'hui une discipline à part entière à la croisée de plusieurs autres disciplines. La problématique de l'énergie en ce début de 21ème siècle et la nécessité de sauvegarde de l'environnement tout en rendant possible le développement des nations actuelles et futures ont donné du poids à cette discipline.

Ce sont les crises successives de l'énergie depuis 1973 qui ont fait naître cette notion peu connue jusque-là dans le comportement des individus des entreprises des villes et des nations. La poussée démographique et l'exode rural sont venus créer les mégapoles qui ne cessent de grossir en provoquant une demande énergétique dans les villes, difficile à satisfaire dans les pays en voies de développement ou le déséquilibre est le plus important.

Les problèmes environnementaux ne se limitent pas à l'effet de serre. Ils sont aussi la pollution atmosphérique par les oxydes de carbone et d'azote, les pluies acides dues aux acides nitriques et sulfuriques résultats de la combustion des énergies fossiles, la désertification due à l'exploitation abusive des ressources ligneuses.

Autant de raisons qui font que l'énergie doit être utilisée avec précaution. La règle à observer est d'apprendre à :

- ***Réduire nos consommations d'énergie dans toutes nos activités et aller vers la sobriété énergétique ;***
- ***mieux utiliser l'énergie, c'est-à-dire augmenter son efficacité d'utilisation ;***
- ***diversifier les sources d'énergie utilisées et ne plus dépendre que d'une ou deux sources d'énergie ;***
- ***Développer les ressources nationales ou régionales.***

La **meilleure façon d'économiser l'énergie est d'éviter d'en utiliser**. Si le monde entier pouvait réduire arbitrairement sa consommation énergétique au strict minimum vital nous ne serions pas concernés par les problèmes énergétiques vécus aujourd'hui. La création de nouveaux besoins et leurs diversifications liées à une forte augmentation de la demande globale font que la consommation d'énergie des individus croît de façon vertigineuse et doit être contrôlée.

9.2 Gestion de l'énergie dans le bâtiment

Un bâtiment peut être considéré comme un système énergétique complexe qui nécessite de l'énergie pour son fonctionnement. Cet espace contient non seulement des organes qui nécessitent diverses formes d'énergie pour fonctionner mais aussi des personnes dont le comportement influe sur la quantité d'énergie nécessaire au fonctionnement de l'ensemble.

L'information de ces personnes est essentielle dans la réduction de la consommation d'énergie du système bâtiment. **La sensibilisation** des usagers du bâtiment peut être considérée comme un poste d'économie d'énergie à part entière. Elle est en général considérée comme un poste à coût ou investissement nul et concerne essentiellement l'information et la formation des usagers du bâtiment.

Quelques **règles de comportement** simples et non exhaustives comme celles données ci-après peuvent conduire à des économies d'énergie considérables :

- *Arrêter sa climatisation en quittant les zones habitées ;*
- *Éteindre les lampes des zones non occupées ;*
- *Fermer portes et fenêtres en période de climatisation ;*
- *Arrêter les appareils électriques non utilisés ;*
- *Regrouper les utilisations de certains appareils quand c'est possible ;*
- *Réduire la température de consigne de climatisation.*

Photo 9.1 Gestion des sources de consommation d'énergie dans le bâtiment

Le problème posé par le comportement des usagers du bâtiment est si important qu'on en est arrivé à créer un nouveau métier pour le résoudre. C'est celui de responsable énergie dans le bâtiment. Les économies financières dégagées par la réduction de la consommation d'énergie dans beaucoup de bâtiments compensent très largement la rémunération d'une personne dédiée à ce poste.

Un **responsable énergie dans un bâtiment** a pour rôle de maintenir le niveau de consommation énergétique des bâtiments dans les normes acceptables en rapport avec la fonction du bâtiment. A ce titre il doit :

- **Assurer la sensibilisation et l'information des usagers du bâtiment ;**
- **Aider à la collecte des données énergétiques des bâtiments ;**
- **Faire l'inventaire des équipements défectueux ou consommateurs d'énergie ;**
- **Veiller au respect des consignes de confort optimum ;**
- **Surveiller l'évolution du montant de la facture énergétique ;**
- **Assurer la coordination avec les autres services de l'immeuble ;**
- **Assurer ou faire faire la maintenance.**

Pour atteindre ces objectifs il doit user de tous les moyens à sa disposition. Afin de motiver les usagers du bâtiment il faut les informer, multiplier les contacts et décider avec eux des modifications d'adaptation du bâtiment aux règles et normes en vigueur. C'est un travail long, méticuleux et pénible qui nécessite de la patience et de la persévérance tant il est vrai que l'énergie est une notion difficile à cerner.

	Electricité (MWh)	Fuel (tonnes)	Eau (m3)
Février	392	850	312
Mars	830	910	352
Avril	423	937	375

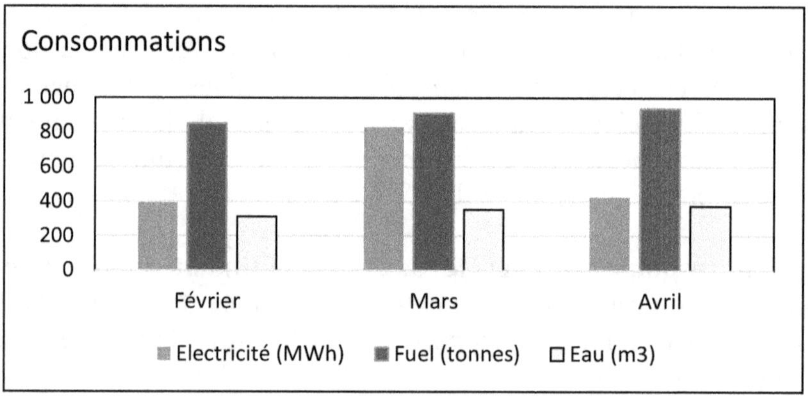

Figure 9.1 Tableau et graphes de suivi des consommations d'un complexe

Quelques exemples simples d'activités du responsable énergie d'un bâtiment sont donnés inférés par le tableau et la figure ci-dessus.

Pour faciliter le travail du responsable énergie de plus en plus de promoteurs bâtiments ont recours à l'automatisation de certaines de ces actions ponctuelles. On y arrive avec la mise en place d'une gestion technique centralisée du bâtiment.

9.3 GTC : Gestion technique centralisée du bâtiment

La complexité des processus et systèmes mis en œuvre dans un bâtiment font qu'il est de plus en plus fait appel à une gestion technique centralisée (GTC) ou gestion technique de bâtiment (GTB).

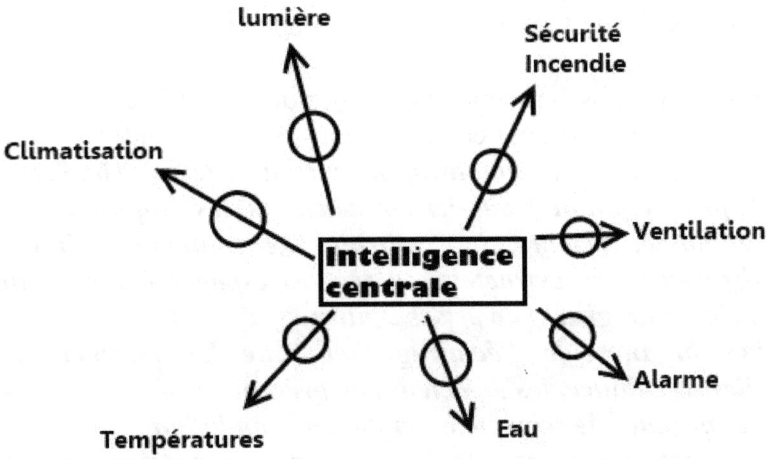

Figure 9.2 Gestion technique centralisée

La GTC correspond à intelligence centrale reliée à des organes à commander ou à interroger par des actionneurs et de sondes.

Dans une gestion technique centralisée du bâtiment l'ensemble des fonctions de la régulation est réparti sur des composants comprenant :

- **Des capteurs** qui sont les sondes de température, de pression, d'intensité de courant de tension, d'humidité etc. Les sondes ont pour rôle de capter un signal en un lieu et à un moment précis. La forme et la valeur de ce signal permettent de prendre une décision pour améliorer le fonctionnement d'un organe ou d'un système dans le bâtiment.
- **Des actionneurs** qui sont le plus souvent des moteurs, des vérins ou tout simplement des résistances chauffantes dont le rôle est d'agir sur un organe donné du signal à partir d'une

information ou une commande reçue pour l'exécution d'une tâche précise.

– **Des automatismes programmés** qui reçoivent des paquets d'information à partir des capteurs pour les traiter et les transmettre à une intelligence centrale.
– **Une intelligence centrale** qui peut être un simple ordinateur ou un système plus spécialisé dont le rôle est le traitement de toutes les informations relatives au bâtiment en vue d'une décision pour l'amélioration de son fonctionnement.

En Afrique subsaharienne les organes de la GTC des immeubles pour la plupart administratifs comprennent le plus souvent:

- ***Les organes de la climatisation centralisée tels que les groupes de production de froid, les condenseurs, les évaporateurs, les ventilo-convecteurs, les centrales de traitement d'air, les diffuseurs, les extracteurs d'air, les espaces à température fixée, les registres de prises d'air neuf ;***
- ***Les organes de l'éclairage tels que les minuteries, la télésurveillance, les détecteurs de présence ;***
- ***Les organes de sécurité incendie ou inondation ;***
- ***Des organes divers de bureautique, ascenseurs et autres appareils électriques.***

C'est le pilotage de tous ces systèmes qui peut être regroupé dans la GTC. De plus en plus d'immeubles surtout dans l'hôtellerie ont recours à la GTC pour réduire leurs factures énergétiques et limiter les pannes et autres dysfonctionnements

Le principe de la GTC est d'obtenir le confort, la sécurité et les économies par le contrôle de tous les paramètres qui influent sur ces fonctions. Le processus passe par la mise en œuvre d'un système intelligent capable de se substituer à l'homme pour la gestion énergétique et des autres fonctions du bâtiment. Les économies d'énergie réalisées sont toujours substantielles.

10 Apports calorifiques dans le bâtiment

Cette partie du livre traite des méthodes de réduction des charges de conditionnement d'air dans le bâtiment. La puissance de climatisation dépend exclusivement des apports calorifiques des bâtiments. Pour réduire ces apports calorifiques il faut savoir les évaluer.

C'est ce qui fait l'objet de cette partie de l'ouvrage consacrée aux apports calorifiques du bâtiment dont le but est aussi de familiariser le lecteur avec les sources de chaleur du bâtiment.

10.1 Le conditionnement d'air

Le schéma de la figure 10.1 donne un exemple de conditionnement en « tout air » pour servir de base de calcul dans toute cette partie consacrée à l'évaluation des apports calorifiques du bâtiment. Il n'est pas possible de décrire dans les détails tous les systèmes possibles de climatisation. Le lecteur pourra se reporter à la première partie de ce livre ou à des ouvrages plus spécialisés pour plus de détails.

Dans ce cas particulier d'un système de « **climatisation tout air** », cet air est refroidi grâce à une batterie froide comme le montre la figure 10.1. En règle générale l'air est refroidi à 6, 8, 10 voire 12°C selon la température de soufflage et les débits désirés.

L'air ainsi refroidi est véhiculé vers les locaux à climatiser grâce à un ventilateur de soufflage. On peut remarquer que la circulation de l'air traité dans les gaines de circulation provoque son échauffement. C'est pourquoi il est nécessaire de bien calorifuger ces gaines. Le **calorifugeage des gaines de transport d'air conditionné** constitue aussi un poste d'économie d'énergie à considérer dans le bâtiment.

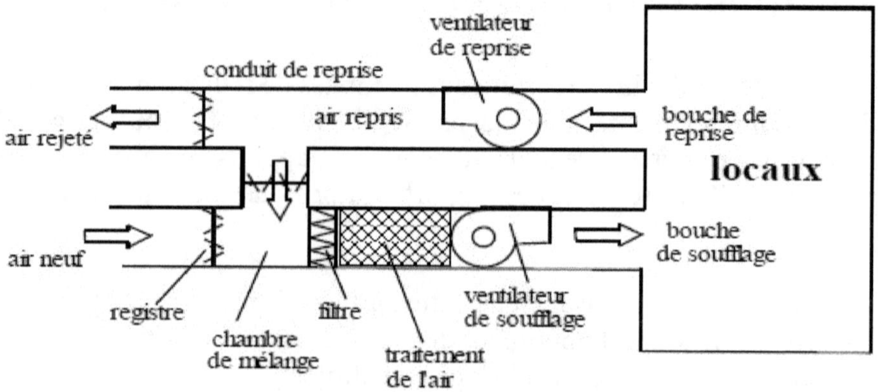

Figure 10.1 Traitement de l'air en climatisation centralisée

La climatisation active, on dit aussi conditionnement d'air par compression de vapeur est le procédé par lequel l'air chaud d'un local est continuellement refroidi pour le maintenir à une température choisie et imposée. Par exemple 24°C pendant que les conditions extérieures au local sont de 40°C par exemple. Le cycle frigorifique mis en place sert au refroidissement de l'air des locaux à climatiser.

L'air soufflé dans les locaux est réchauffé par différentes sources thermiques. Il est de ce fait ramené à la température ambiante interne qui est celle fixée et à maintenir dans le local. Il est ensuite aspiré par un ventilateur de reprise, dans les systèmes de ventilation double flux, et véhiculé par les gaines de reprise puis vers l'extérieur.

En règle générale peu de systèmes de climatisation rejettent totalement l'air repris dans l'ambiance externe. Pour des raisons d'économies d'énergie une partie seulement de l'air repris est rejetée, le reste étant ramené vers la batterie froide pour être mélangé à une quantité complémentaire d'air neuf. C'est ce mélange qui est passé sur la batterie froide pour le refroidir avant la reprise du cycle.

Le **cycle de traitement de l'air** peut être schématisé sur un diagramme de l'air humide comme indiqué par la figure 10.2.

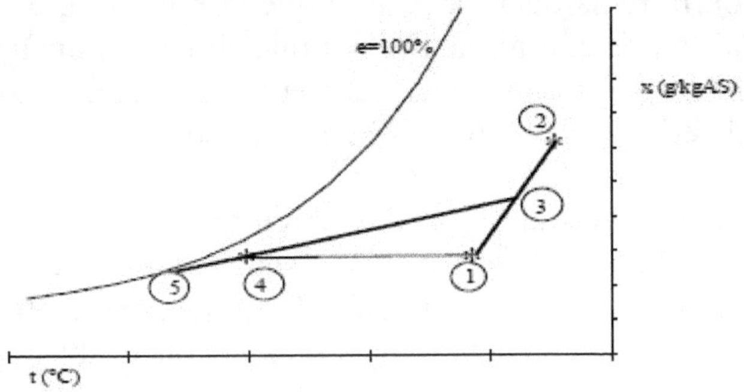

Figure 10.2 Cycle de traitement de l'air humide

Dans ce cycle, l'air du local est à la température T_1 et à une humidité e_1. Celui de l'extérieur est à T_2 et e_2. Le mélange d'une fraction x d'air externe à une fraction (1-x) d'air interne donne un air de mélange à T_3 et e3.

Le passage de l'air de mélange sur la batterie froide produit un air frais à T_4 et e_4, prêt pour le soufflage.

Le refroidissement de l'air correspond à la transformation ou au segment de droite « 3-4 ».

La chaleur correspondante peut être évaluée par la relation :

$$Q_{34} = m_a (h_4 - h_3)$$

Q_{34} est la chaleur nécessaire pour refroidir l'air de du point 3 au point 4 ;

m_a est la masse d'air (ou son débit selon les cas) du cycle de traitement de l'air ;

h_3 et h_4 sont les enthalpies massiques de l'air aux points 3 et 4.

Lorsque m_a est un débit, Q_{34} n'est autre que la puissance frigorifique nécessaire à la climatisation à partir d'un air refroidi à une température T_4 imposée.

On pourra remarquer par contre que le point (T_3, e_3) dépend du mélange d'air repris et d'air neuf. Pour une climatisation à 100 % d'air neuf le point « 3 » est ramené en « 2 » et la puissance frigorifique Q_{34} est maximale et sans économies d'énergie à espérer.

Pour une climatisation ou l'air circulerait en circuit fermé sans aucun renouvellement le point « 3 » serait ramené en « 1 » et la puissance frigorifique serait minimale. C'est le cycle de traitement de l'air le plus économe en énergie mais il est inconcevable de climatiser sans apport d'air neuf.

Des économies d'énergie substantielles sont toujours réalisées lorsque la quantité d'air neuf est admise est réduite au strict minimum.

10.2 Mélange d'air :

Deux masses d'air humide de caractéristiques différentes sont mélangées comme indiqué par la figure 10.3.

On se propose de calculer les caractéristiques physiques de l'air résultant au point M. Cette situation se présente presque toujours dans les installations de traitement d'air centralisées où une partie de l'air utilisé est repris et mélangé à l'air neuf pour être traité de nouveau. Les débits sont en général réglés par les registres tels qu'indiqués par la figure 10.3.

Les **propriétés des masses d'air** sont données par :
A (x_A ; h_A ; t_A ; m_{aA})
B (x_B ; h_B ; t_B ; m_{aB})
M (x_M ; h_M ; t_M ; m_{aM})

m_a est le débit d'air sec contenu dans l'air humide. On peut alors écrire les équations de bilan de masse et d'énergie suivantes :

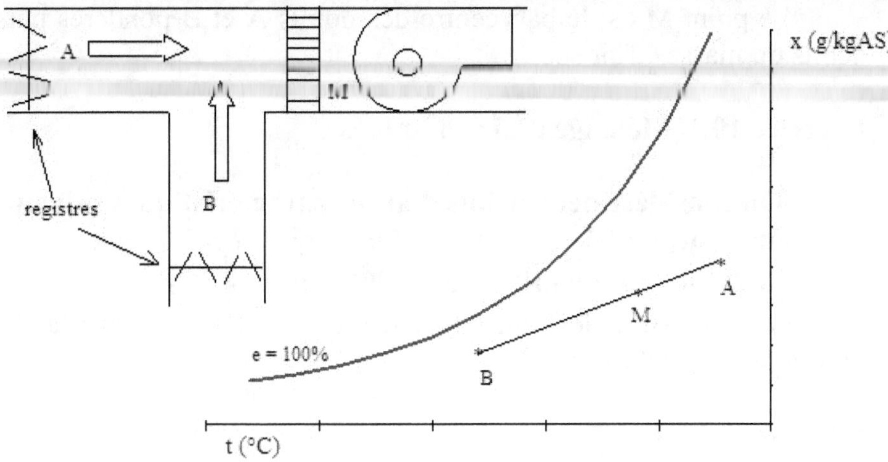

Figure 10.3 Mélanges d'airs humides

Conservation de la masse d'air sec

$$\boldsymbol{m_{aA} + m_{aB} = m_{aM}} \qquad (1)$$

Conservation de la masse de vapeur d'eau

$$\boldsymbol{m_{aA}\, x_A + m_{aB}\, x_B = m_{aM}\, x_M} \qquad (2)$$

Conservation de l'énergie

$$\boldsymbol{m_{aA}\, h_A + m_{aB}\, h_B = m_{aM}\, h_M} \qquad (3)$$

Les équations (1) et (2) conduisent à la relation suivante

$$\frac{m_{aA}}{m_{aB}} = \frac{x_B - x_M}{x_M - x_A}$$

Les équations (1) et (3) conduisent à la relation

$$\frac{m_{aA}}{m_{aB}} = \frac{h_B - h_M}{h_M - h_A}$$

on en déduit la relation générale

$$\frac{m_{aA}}{m_{aB}} = \frac{x_B - x_M}{x_M - x_A} = \frac{h_B - h_M}{h_M - h_A} = \frac{\overline{AM}}{\overline{MB}}$$

Le point M est le barycentre des points A et B pondérés par les débits ou masses d'air sec.

Exercice 10.1. Mélange d'airs humides

On considère deux débits d'air de caractéristiques suivantes :
air① (q_{v_1} = 600 m³ h⁻¹ ; e_1 = 50%; t_1 = 32 °C)
air② (q_{v_2} = 1300 m³ h⁻¹; e_2 = 90%; t_2 = 18 °C)
Quelles sont les caractéristiques de l'air③ résultant du mélange de l'air① et air②

Réponse :

Sur le diagramme de l'air humide on lit
air ①(x_1 = 0,0150 kg kg^{-1}AS ; h_1 = 16,75 kcal kg^{-1}AS ; v_1 = 0,885 m^3 kg^{-1}AS)
air ② (x_2 = 0,0115 kg kg^{-1}AS ; h_1 = 11,25 kcal kg^{-1}AS; v_2 = 0,840 m^3 kg^{-1}AS)

On en déduit

$$m_{a1} = \frac{V_1}{v_1}$$

$$= 600/0,885$$

$$= 678 \text{ kgAS } h^{-1}$$

$$m_{a2} = \frac{V_2}{v_2}$$

$$= 1300/0,840$$

$$= 1548 \text{ kgAS } h^{-1}$$

$$x_3 = \frac{m_{a2}x_2 + m_{a1}x_1}{m_{a2} + m_{a1}}$$

$$= (1548*0,0115 + 678*0,015)/(1548 + 678)$$

$$= 0,0126 \text{ kg } kg^{-1}AS$$

$$h_3 = \frac{m_{a2}h_2 + m_{a1}h_1}{m_{a2} + m_{a1}}$$

*= (1548*11,25 + 678*16,75)/(1548 + 678)*
= 12,93 kcal kg^{-1}AS

On en déduit par report des deux valeurs de x_3 et h_3 sur le diagramme de l'air humide.
air③ (t_3 = 22°C ; e_3 = 75%)

Exercice 10.2. Mélanges d'air humide et conditionnement d'air

Calcul de chaleur Q_{34} (figure 10.4) nécessaire pour traiter de l'air extérieur de deux façons.

1. **100% d'air neuf à 40°C et 35% d'humidité sont refroidi à 10°C et 90% d'humidité.**
2. **Un mélange de cet air neuf est réalisé avec 50% de volume d'air vicié repris à 24°C et 50% d'humidité avant le refroidissement à 10°C et 90% d'humidité.**
3. **Quelle est en % les économies d'énergie réalisables quand on passe de 100% de volume d'air neuf à 50 % de volume d'air neuf mélangé à 50% d'air vicié ?**

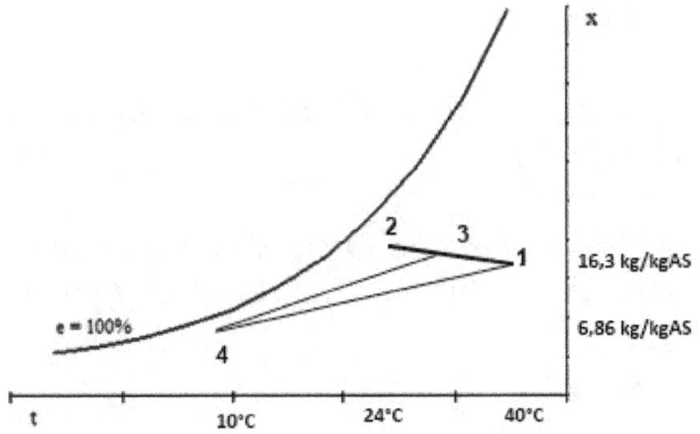

Figure 10.4 Mélange d'air de reprise et d'air neuf avant traitement

Réponse :

1. L'air traité provient de l'extérieur à 100 % pour être refroidi à 10°C et 90 % d'humidité.

Sur un diagramme de l'air humide et avec les notations de la figure on relève

$x_1 = 16,3\ g\ kg^{-1} AS$
$h_1 = 81.8\ kJ\ kg^{-1} AS$
$x_4 = 6.86\ g\ kg^{-1} AS$
$h_4 = 27.2\ kJ\ kg^{-1} AS$

La chaleur totale retirée à l'air pour l'amener de 40 à 10°C est de

$Q_{14} \qquad h_4 - h_1 = 55\ kJ\ kg^{-1} AS$

2. Si on procède à un mélange de l'air extérieur avec un air plus froid avant traitement, on obtient un air de mélange dans les conditions suivantes:

$x_3 = 12,7\ g\ kg^{-1} AS$
$h_3 = 64,2\ kJ\ kg^{-1} AS$

Ce qui définit entièrement le point de mélange sur le diagramme de l'air humide (32°C,44%).

On en déduit la quantité totale de chaleur retirée à l'air pour l'amener du point du mélange à l'état de 10°C et 90%.

$Q_{34} = 37\ kJ\ kg^{-1} AS$

3. L'économie d'énergie est de

$(Q_{14} - Q_{34}) / Q_{14} = 33\ \%$

10.3 Calcul des charges de climatisation

C'est le calcul qui permet de choisir et de fixer la puissance du groupe frigorifique à installer.

Lorsque cette puissance est trop élevée elle peut être source de surconsommation énergétique. Trop faible elle sera source de frustrations et plaintes répétées des usagers du bâtiment.

10.3.1 Sources de chaleur du bâtiment

Pour évaluer la puissance frigorifique à installer dans un bâtiment on procède au calcul des apports calorifiques, local par local du bâtiment à climatiser.

Dans ce qui suit, nous supposerons que la climatisation est centrale avec distribution d'air traitée ou d'eau glacée dans les locaux à climatiser.
Pour dimensionner une telle installation, il faut calculer tous les apports calorifiques de tous les locaux à climatiser.

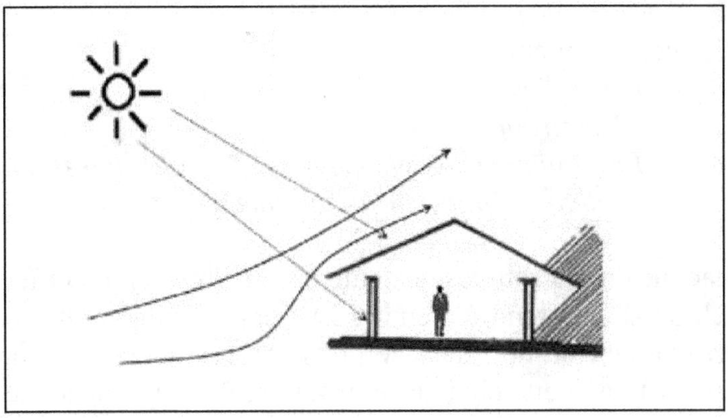

Figure 10.5 Sources de chauffage du bâtiment

Trois sources de chaleur distinctes sont à l'origine des apports calorifiques d'un bâtiment (figure 10.5). Elles sont regroupées comme expliqué ci-après.

Les apports calorifiques dus à l'air atmosphérique extérieur

Ce sont ceux qui véhiculent la chaleur de l'air extérieur chaud vers l'air intérieur plus froid. Les organes du bâtiment concernés par le transfert de la chaleur de l'air extérieur sont :

- *Les murs et toitures et autres parois opaques,*
- *Les ouvertures vitrées (fenêtres, portes, baies vitrées),*
- *Le plancher,*
- *Le plafond,*
- *Les infiltrations d'air par les interstices,*
- *Les renouvellements d'air provoqués.*

Les apports calorifiques venant du soleil

Ce sont ceux qui transmettent la chaleur du rayonnement solaire tombant sur l'enveloppe du bâtiment de l'extérieur vers l'intérieur.

- *Le toit,*
- *Les murs et toutes parois externes opaques,*
- *Les ouvertures vitrées.*

Les apports calorifiques dus aux sources de chaleur internes

Elles comprennent :

- *Les individus,*
- *L'éclairage,*
- *Les équipements électriques et toutes autres sources de chaleur à l'intérieur du bâtiment.*

Chacune de ces sources de chaleur contribue à réchauffer l'air du local à climatiser et tend à l'emmener vers la température ambiante extérieure et même au-delà dans certains cas. Le rôle de la climatisation est d'évacuer toute cette chaleur pour tendre à maintenir le local à une température inférieure dite de consigne de climatisation.

Dans les projets et calculs relatifs à la climatisation on choisit cette température égale à 24°C. C'est souvent la température de consigne de climatisation retenue dans les pays tropicaux.

10.3.2 Méthodes simplifiées

Plusieurs méthodes sont utilisées pour évaluer la quantité de chaleur transférée à l'air d'un local. Quatre de ces méthodes sont proposées ci-dessous.

Figure 10.6 Evaluation des charges de climatisation d'un local

La méthode du choix arbitraire de puissance de climatisation.

Elle est utilisée principalement par les **installateurs expérimentés**. A partir de la taille, de la disposition du local par rapport à la trajectoire du soleil, des ouvertures, de la destination fonctionnelle de ce local, on décide arbitrairement de la puissance frigorifique à installer.

Cette méthode permet d'approcher de façon grossière la puissance frigorifique à installer. Très souvent les installations sont surdimensionnées et donnent satisfaction aux usagers du bâtiment pour ce qui est du confort thermique au détriment des économies d'énergie. C'est pourquoi elle est à éviter quand on recherche une maîtrise des énergies consommées.

La méthode des surfaces

On réduit les erreurs sur la puissance à installer quand on passe du choix arbitraire de la puissance à la « méthode des surfaces » à climatiser. Elle consiste à évaluer la **surface au plancher du local à**

climatiser et à lui appliquer un coefficient multiplicateur pour obtenir la puissance frigorifique à installer. *Le tableau ci-dessous les coefficients utilisables dans différents cas de figure.* La méthode est simple et donne généralement de bons résultats principalement pour les grands immeubles avec climatisation centralisée.

FONCTION DU LOCAL	**Ratio Min en W m^{-2}**	**Ratio Max en W m^{-2}**
Local non exposé au soleil et sans aucun apport de chaleur interne	150	170
local non exposé au soleil mais avec un léger apport de chaleur interne	170	200
Local exposé au soleil sans apport de chaleur interne	200	225
local exposé au soleil avec un léger apport de chaleur interne	225	255
Local très exposé au soleil avec un apport important de chaleur dû aux appareils internes	Calcul détaillé nécessaire	

Tableau 10.1 Facteurs surfaciques de calcul des charges frigorifiques de climatisation

Remarque : *quel que soit la méthode utilisée il est toujours bon d'évaluer à la fin le ratio R en W/m² correspondant pour le comparer aux valeurs du tableau 10.1 afin d'éviter les grosses erreurs de calcul.*

Calculs simplifiés

La plupart des constructeurs de groupes frigorifiques de climatisation proposent des méthodes simplifiées de dimensionnement de la puissance frigorifique à installer.
L'une de ces méthodes parmi les plus simples est celle donnée ci-après et proposée par un constructeur de groupe frigorifique : voir tableau 10.2.

Elle permet d'approcher la puissance frigorifique à installer avec plus de précision que la méthode des surfaces décrite ci-dessus. Celle-ci est donnée en Watts dans la feuille de calcul.

Puissance en W						
poste	**charges thermiques**		**unités**	**Quantité**	**facteur**	**puissance**
1	vitrage	à l'ombre	m²		50	
		ensoleillé sans stores	m²		180	
		ensoleillé avec stores intérieurs	m²		135	
		ensoleillé avec stores extérieurs	m²		90	
2	murs extérieurs	ensoleillés, isolés	m²		9	
		ensoleillés, non isolés	m²		23	
		non ensoleillés, isolés	m²		7	
		non ensoleillés, non isolés	m²		12	
3	cloisons		m²		10	
4	plafond ou toit	isolé	m²		5	
		non isolé	m²		12	
		sous toit isolé	m²		10	
		sous toit non isolé	m²		24	
5	plancher	isolé	m²		7	
		non isolé	m²		10	
6	renouvellement d'air		m3/h		4,5	
7	occupants		nb		144	
8	Appareils électriques éclairage		nb.Puiss		160	
	Puissance à installer					

Tableau 10.2 Fiche de méthode simplifiée de calcul de charges de climatisation en Watts. Source : YORK

Elle consiste, à partir des mesures de taux de renouvellement d'air, des surfaces de vitrages murs et cloisons, du nombre d'occupants et des appareils électriques, pour appliquer des facteurs multiplicatifs afin d'obtenir les apports de chaleur du local. **La somme de ces chaleurs donne la puissance frigorifique à installer**. L'inconvénient de cette méthode et des autres méthodes simplifiées en règle générale est qu'elles ne tiennent pas compte :

- *De la valeur exacte de la température de consigne de climatisation ;*
- *De la température ambiante extérieure ;*
- *De l'orientation du bâtiment par rapport à la course du soleil ;*
- *Du niveau d'isolation thermique effectif des murs extérieurs ;*
- *Des variations de puissance unitaire du renouvellement d'air ;*

10.3.3 Méthodes et calcul détaillés

Ces méthodes tiennent compte des dimensions du local, des températures internes et externes, de la conductivité thermique des murs et cloisons, de l'heure de la journée et la date de l'année, du lieu où le calcul est réalisé etc.

En réalité, c'est seulement à partir de ce type de méthode que **les calculs d'économie d'énergie fiables sont possibles** à condition qu'elles soient réalisées pour chaque heure de la journée avec une sommation des résultats obtenus heure par heure.

Lorsque le calcul doit être fait pour un immeuble entier, il est long et fastidieux. C'est pourquoi on préfère le plus souvent l'utilisation de logiciels.

Toute la difficulté du dimensionnement de la puissance de climatisation réside dans **la détermination de ces diverses chaleurs et de leur compensation**.

a. Gains de chaleur par les murs externes

On appelle **gain de chaleur par les murs ou « parois opaques »** d'un local la somme des chaleurs transmises de l'air extérieur à l'air intérieur par convection externe, conduction puis convection interne. On pose

$$Q = H\,S\,\Delta T$$

Photo 10.1 Mur externe et ouvertures vitrées

Q est la chaleur échangée par les parois des murs

H est le coefficient global d'échange thermique
S est la surface totale des murs extérieurs de coefficient H
ΔT est l'écart de température entre extérieur et intérieur

Dans le calcul des échanges de chaleur des murs, la surface de toutes les portes et fenêtres doit être soustraite de la surface globale pour obtenir une surface nette.

Les valeurs des coefficients globaux d'échange qui entrent en ligne de compte dans le calcul des gains thermiques par les murs de différentes structures sont données en Annexe 3

Lorsque le mur ne figure pas parmi les valeurs proposées il faut rechercher le coefficient global H correspondant dans la littérature ad hoc ou le calculer.

L'expression du coefficient global d'échange est donnée ci-après :

$$\frac{1}{H} = \frac{1}{h_{int}} + \sum_i \frac{e_i}{\lambda_i} + \frac{1}{h_{ext}}$$

Où h_{int} et h_{ext} sont respectivement les coefficients de convection interne et externe au mur et e_i et λ_i respectivement les épaisseurs et conductivités thermiques des matériaux qui composent le mur.

Pour les valeurs des coefficients de convection intérieurs et extérieurs on peut retenir celles du tableau ci-dessous.

Sans du flux de matière	**Murs externes**		**cloisons**	
Ascendant	$h_i = 11.1$	$h_e = 20$	$h_i = 10$	$h_e = 10$
Descendant	$h_i = 6$	$h_e = 20$	$h_i = 6$	$h_e = 6$

Tableau 10.3 Valeurs de coefficients d'échange h en W m^{-2} °C^{-1} à considérer pour les murs et parois verticales. Source : A. Bonhomme [Tome 1].

En général les coefficients globaux de transmission des matériaux ne sont pas connus avec une très bonne précision. Parfois on n'est pas assuré que le coefficient appliqué correspond vraiment au cas considéré.

L'écart de température ΔT à utiliser dans le calcul de la chaleur est celui entre l'air externe et l'air interne au local. Pour évaluer la puissance frigorifique à installer, cet écart correspond plus à un écart entre la température interne imposée dans le local et une température moyenne externe jamais dépassée avec une fréquence supérieure à 10% dans l'année. Dans de nombreux cas de pays africains au sud du Sahara on prend 40°C voire 41°C pour les pays désertiques et semi-désertiques, et 38°C pour les pays chauds et humides. C'est la température correspondant à celle des mois les plus chauds de l'année et l'heure la plus chaude de la journée (13 heures en général).

Le calcul des charges frigorifiques peut cependant être fait en considérant l'écart de température réel à un instant quelconque de la journée et de l'année.

Le calcul des gains de chaleur des murs de séparation ou cloisons se fait de la même façon que celui des murs externes. L'écart de température doit être déterminé à partir des températures de part et d'autre de la cloison.

Exercice 10.3. Gains de chaleur provenant de l'atmosphère externe à travers les murs externes :

Un mur de 10 m de long sur 3,5 m de hauteur a deux fenêtres de 1,5 m² chacune et une porte de 2,20 m sur 1,5 m.
Une température de 25°C est imposée à l'intérieur du local pendant que la température extérieure est de 40°C.

Calculer les gains calorifiques de ce mur construit en briques pleines de béton sans enduit et d'épaisseur de 20 cm. (on ne calculera pas les gains par les ouvertures).

Réponse :

L'annexe I donne un H de 3 kcal m^{-2} h^{-1} °C^{-1}
La surface des portes et fenêtres est de :

$$2*1,5 \ + \ 2,2*1,5 \ = 6,3 \ m^2$$

Surface nette du mur

$$35\ m^2 - 6{,}3\ m^2 = 28{,}7\ m^2$$

Les gains calorifiques du mur sont de

$$Q = H\,S\,\Delta T$$
$$= 3 * 28{,}7 * (40 - 25)$$
$$= 1291{,}5\ kcal\ h^{-1}$$
$$= 1{,}5\ kW$$

b. Gains de chaleur par convection et conduction par les vitres

Les gains de chaleur à travers une vitre simple sont évalués à partir de la relation établie pour les opaques. Les valeurs des coefficients d'échange globaux sont données par l'annexe 3.

$$Q = H\,S\,\Delta T$$

Le calcul de la surface d'une fenêtre se fait en considérant tout le cadre de la fenêtre (ou de la baie vitrée le cas échéant). On peut dans beaucoup de cas assimiler les matériaux en bois mince ou métalliques des portes et fenêtres non vitrées à une vitre et faire le calcul avec un coefficient global moyen pour l'ensemble.

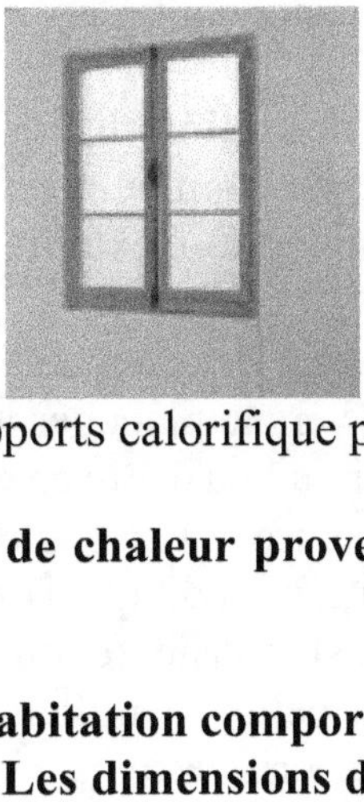

Figure 10.7 Apports calorifique par les ouvertures

Exercice 10.4. Gains de chaleur provenant de l'atmosphère externe à travers les vitres

Une paroi externe d'habitation comporte deux fenêtres et une porte à cadres métalliques. Les dimensions des fenêtres sont de 1,2 m sur 1 m et celles de la porte de 2,4 m sur 1,2 m. Le bâtiment est

climatisé de manière à maintenir une température de 22°C à l'intérieur pendant que la température externe est de 37°C. Calculer les gains de chaleur par les ouvertures de ce bâtiment.

Réponse :

L'annexe 3 donne les coefficients globaux d'échange pour un simple vitrage.

$$H = 6{,}0\ Kcal\ h^{-1}\ m^{-2}\ K^{-1}$$

$$Q = H\ S\ \Delta T$$

$$S = 1*1{,}2*2 + 2{,}4*1{,}2$$
$$= 5{,}3\ m^2$$
$$\Delta T = 15°C$$

$$Q = 6*5{,}3*15$$
$$= 477\ kcal\ h^{-1}$$
$$= 0{,}55\ kW$$

c. Gains de chaleur par le plancher

Dans le cas d'un **plancher au-dessus d'une salle contigüe non climatisée**, le calcul se fait comme dans le cas du mur vertical ou cloison séparant deux locaux contigus.

Lorsque le **local non climatisé est très peu ventilé** (portes et fenêtres fréquemment closes) on peut estimer sa température interne à 3°C en dessous de la température externe.

Dans le cas de locaux directement en contact avec le sol on fera l'approximation du flux vers le plancher nul.

Parfois le plancher au lieu d'être en contact avec le sol est surélevé avec un **vide sanitaire** entre sol et plancher. Si le vide est totalement fermé par des murs latéraux on dit que l'espace est non ventilé et le flux à travers le plancher est considéré nul. Si l'espace est ventilé, sa température est égale à celle du milieu extérieur. La ventilation est réalisée en pratiquant des orifices dans les murs opposés.

d. Gains calorifiques à travers les plafonds et toitures

Lorsque le local à climatiser est placé en dessous d'une salle non climatisée, le calcul de l'écart de température ΔT qui intervient dans la détermination du flux se fait de la même façon que dans le cas du plancher.

Dans la plupart des cas les toitures sont ensoleillées et il faut tenir compte des apports solaires.

Remarque : dans les cas de combles (espace entre toiture et plafond) non ventilés, la distance entre plafond et toiture ne rentre pas en ligne de compte dans le calcul du coefficient global d'échange. Le calcul de ce coefficient tient compte du toit et du plafond uniquement.

Lorsque le comble est ventilé et par temps de fort ensoleillement, la ventilation doit être favorisée autant que possible. Dans les cas où la toiture peut être masquée du soleil il faut au contraire éviter une ventilation trop forte du comble. Dans ce dernier cas les apports de chaleur sont essentiellement dus à la ventilation par l'air externe plus chaud et il faut éviter cet air en réduisant la ventilation.

Exercice 10.5. Gains de chaleur par le plafond

Un local climatisé de 20 m² a un plafond de 15 cm d'épaisseur de béton de gravillon plein avec enduit inférieur en plâtre sous comble ventilé. Calculer son apport calorifique par conduction avec l'air externe lorsque le local est à 30°C et l'air externe à 40°C.

La toiture est en tôle galvanisée ondulée sans doublage extérieur.

Refaire le calcul pour un comble non ventilé.

Réponse :

Lorsque le comble est ventilé, la température sous comble est égale à la température externe et le flux de chaleur est calculé en tenant compte du plafond uniquement.

$$
\begin{aligned}
Q &= H\,S\,\Delta T \\
&= 3,4 * 20 * 10 \\
&= 680 \ \ kcal\ h^{-1} \\
&= 0,79\ kW
\end{aligned}
$$

Lorsque le comble est non ventilé, il faut tenir compte du toit dans les calculs par la formule approchée.

$$
\begin{aligned}
1/H_{global} &= 1/H_{plafond} + 1/H_{toit} \\
&= 1/3,4 + 1/8 \\
&= 0,42 \\
H_{global} &= 2,38\ kcal\ m^{-2}\ h^{-1}\ k^{-1}
\end{aligned}
$$

$$
\begin{aligned}
Q &= 2,38 * 20 * 10 \\
&= 476 \ \ kcal\ h^{-1} \\
&= 0,55\ kW
\end{aligned}
$$

e. Gains calorifiques dus aux personnes

Photo 10.2 Climatisation de salle de réunion

Les personnes physiques présentes dans un local provoquent au même titre que les murs et les fenêtres un échauffement de ce local du au métabolisme. Le tableau ci-dessous donne **à titre indicatif** la puissance calorifique moyenne développée par un individu en fonction de son activité.

Activité	Métabolisme thermique (W)
sommeil	*75*
assis au repos	*110*
assis écrivant	*125*
debout relaxé	*130*
vendeur debout	*210*

Tableau 10.4 : Ordre de grandeur des gains de chaleur du métabolisme humain

Les **apports calorifiques des individus** varient suivant les personnes concernées et suivant leurs degrés d'activité.

Une personne humaine libère à la fois des gains sensibles et latents. Les gains latents sont équivalents à une quantité d'humidité injectée dans l'atmosphère de la salle alors que les gains sensibles constituent la chaleur sensible pure transmise soit par convection, soit par rayonnement à l'air de la salle pour l'échauffer. Les gains latents sont très élevés lorsque les personnes perdent beaucoup d'eau par évaporation cutanée (dans une atmosphère très chaude et sèche par exemple).

En toute rigueur, pour maintenir un local dans une condition climatique de confort adéquate il faut le refroidir et le déshumidifier (ou quelquefois l'humidifier) constamment afin de compenser les apports latents et sensibles des différentes sources.

Le tableau de l'annexe 4 présente les gains dus aux individus. Comme on peut le constater sur ce tableau, la répartition entre chaleurs latentes et sensibles dépend de la température extérieure. Plus il fait chaud plus l'évacuation de la chaleur du corps se fait par chaleur latente.

Exercice 10.6. Gains de chaleur dus au métabolisme

Calculer les gains latents d'un local climatisé à 28 °C où travaillent assis 12 étudiants. Calculer le facteur de chaleur sensible, rapport des gains sensibles aux gains totaux

Réponse

Les gains sensibles sont de

$$Q_s = 45*12$$
$$= 540\ Kcal\ h^{-1}$$
$$= 0,63\ kW$$

Les gains latents sont de

$$Q_l = 68*12$$
$$= 816\ kcal\ h^{-1}$$
$$= 0,95\ kW$$

NB : En conditionnement d'air on définit le facteur de chaleur sensible par le rapport

$$FCS = Q_s / (Q_s + Q_l)$$

Il vaut dans ce cas

$$FCS = 540/(540+816)$$
$$= 40\ \%$$

f. Gains par les conduits et ventilateurs

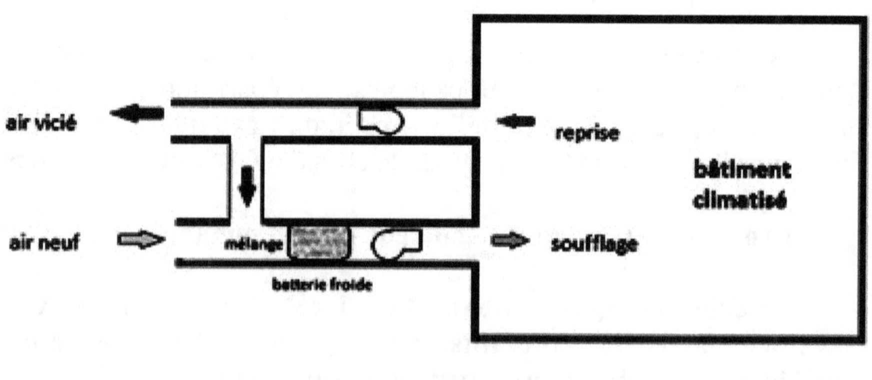

Figure 10.8 Circuit de traitement d'air de climatisation centralisée

Une centrale de climatisation est placée dans une salle des machines à l'écart des locaux à climatiser. L'air traité est refoulé dans les locaux par un ventilateur de soufflage et ramené à la salle des machines ou rejeté par un ventilateur de reprise (voir figure 10.8).

Lors de son passage dans le conduit de soufflage ou dans celui de reprise l'air absorbe des calories qu'il faut nécessairement prendre en compte dans les calculs des charges frigorifiques. A cause de **l'isolation des conduits** ces gains sont en général faibles. Du fait que toutes les chaleurs fournies à l'air avant son retour sur les batteries froides doivent être compensées, le passage des conduits d'air dans les locaux chauds tels que les cuisines et les buanderies doit être proscrit. Quand ce passage est inévitable les canalisations doivent être isolées en conséquence.

Les ventilateurs de soufflage et de reprise sont également sources d'apports calorifiques.

Les gains calorifiques des conduits peuvent être obtenus avec une très bonne approximation par les formulations suivantes :

Conduit de soufflage

$$Q = 1{,}1\, H\, S\, (T_{ext} - T_s)$$

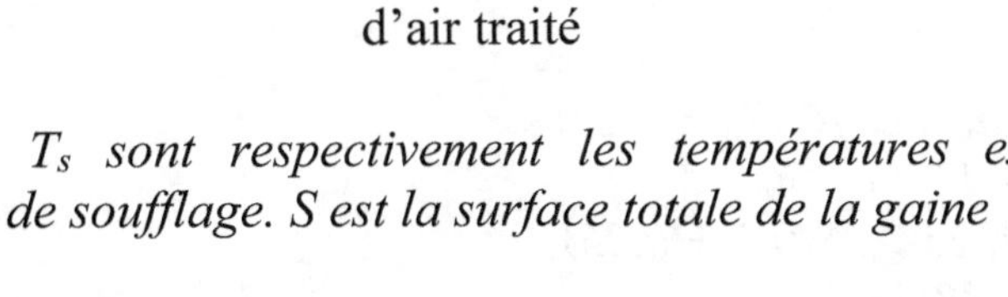

Figure 10.9 Température moyenne des gaines de soufflage d'air traité

T_{ext} et T_s sont respectivement les températures extérieures ambiantes et de soufflage. S est la surface totale de la gaine

Le facteur 1,1 tient compte de l'écart qui existe entre la température de soufflage utilisée dans cette formule et la température effective du fluide plus basse qui circule dans le conduit.

Conduit de reprise

$$Q = 0{,}9\, H\, S\, (T_{ext} - T_{int})$$

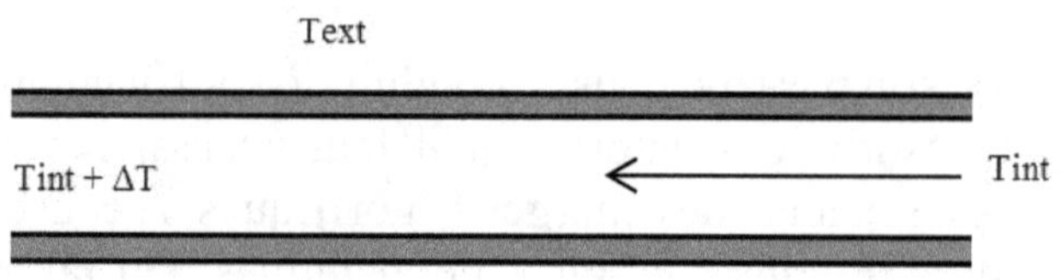

Figure 10.10 Température moyenne des gaines de reprise d'air vicié

T_{int} est la température intérieure du local

La constante 0,9 tient compte de l'écart qui existe entre la température interne utilisée dans cette formule et la température réelle de l'air de reprise plus élevée.

Exercice 10.7. Gains thermiques par les conduits de soufflage et reprise d'air conditionné

Calculer les gains de chaleur dus aux conduits non isolés de passage de l'air conditionné destiné à la climatisation d'un local. Ces conduits sont de sections rectangulaires de 0,5 m*0,25 m avec une longueur totale équivalente de 25 m. On donne pour la tôle galvanisée non isolée le coefficient global d'échange air/air H = 6,35 kcal h^{-1} m^{-2} K^{-1}. La température de soufflage est de 15°C et la température extérieure de 38°C.

Réponse :

La surface d'échange est de :

$$S = L*2(l + h)$$
$$= 25 * 2*(0{,}5 + 0{,}25)$$
$$= 37{,}5\ m^2$$

Le gain en chaleur sensible est de

$Q = 1{,}1\ H\ S\ \Delta T$

$= 1{,}1*6{,}35*37{,}5*(38-15)$

$= 6025\ kcal\ h^{-1}$

$= 7\ kW$

g. Equipements électriques

Les équipements électriques placés dans un local contribuent également à l'échauffement de ce local. Les gains calorifiques des équipements électriques sont généralement donnés en fonction de la puissance nominale P_n des appareils.

Les gains calorifiques exprimés en kW sont donnés par la formule :

$$Q = P_n M$$

Le coefficient M qui apparaît dans cette formule permet de tenir compte d'un dégagement calorifique moyen différent de la puissance nominale de l'appareil.

M dépend du processus et de l'appareil étudié. Le calcul précis du coefficient M pour l'éclairage est le plus complexe.

Une partie de l'énergie électrique consommée par une source lumineuse est transformée directement en chaleur et constitue un gain de chaleur interne. Une faible partie est transformée en rayonnement. Ce rayonnement est transmis et à l'air ambiant et aux murs environnants pour les échauffer.

L'inertie thermique des murs fait qu'une partie de l'énergie rayonnante absorbée par ceux-ci n'est pas transmise à l'air. Elle est emmagasinée par ces murs et restituée plus tard à l'air à l'arrêt de l'éclairage (voir figure 10.11). Une partie est même définitivement perdue vers l'extérieur du local éclairé. L'énergie calorifique réelle cédée à l'air est donc plus faible que la puissance de la lampe.

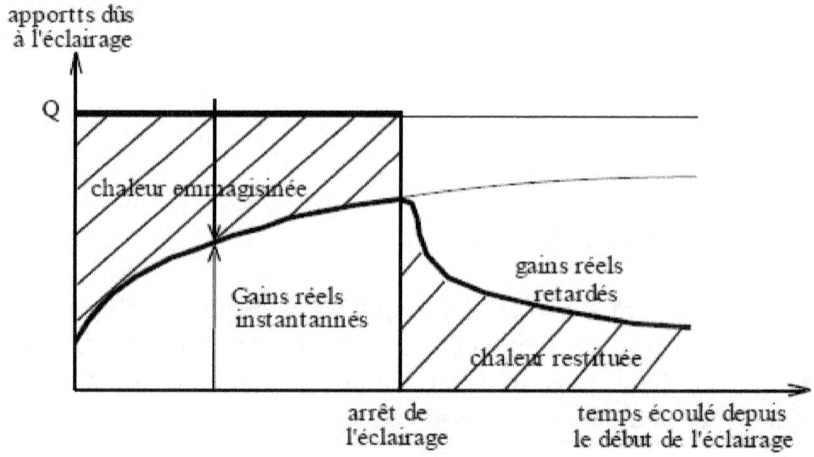

Figure 10.11 Gains calorifiques instantanés et retardés de l'éclairage (source : [11] Carrier)

Selon que les lampes sont encastrées ou non la restitution des calories n'est pas la même. **Une lampe encastrée a tendance à échauffer les parois**. L'inertie thermique des murs influe également sur la valeur du coefficient M. Une structure légère emmagasine moins d'énergie qu'une structure lourde.

Dans la pratique et pour simplifier, la plupart des calculs de chaleur due aux équipements électriques considère directement la puissance électrique dissipée comme chaleur transmise à l'air. C'est-à-dire que le coefficient M est pris égal à l'unité.

h. Gains par infiltration d'air

L'air chaud de l'extérieur s'infiltre régulièrement à l'intérieur des locaux. L'infiltration se fait par les cadres des fenêtres et portes et par toutes ouvertures pratiquées dans l'enveloppe. Cet air externe apporte de la chaleur à la fois sensible et latente (sous forme de vapeur d'eau).

Lorsqu'un local est constamment en surpression, à partir d'un débit d'air soufflé trop important et supérieur au débit d'air repris, il n'y a pas d'infiltration. Il y a dans ce cas exfiltration.

La chaleur sensible échangée par infiltration de l'air extérieur est calculée par

$$\boldsymbol{Q_s = q_m\, c\, (T_{int} - T_{ext})}$$
$$\boldsymbol{= q_v\, \rho\, c\, \Delta T}$$

Q_s est la chaleur sensible lorsqu'un air extérieur remplace le même volume d'air interne.
q_m et q_v sont les débits massiques et volumiques de l'air d'infiltration
ρ et c sont la masse volumique et la chaleur massique de l'air qui s'infiltre
T_{int} et T_{ext} sont les températures extérieure et intérieur du local à climatiser

De la même façon, la chaleur latente échangée vaut :

$$\boldsymbol{Q_l = m_v\, L}$$
$$\boldsymbol{= m_a\, \Delta x\, L}$$
$$\boldsymbol{= q_v / v_a\, \Delta x\, L}$$

Q_l est la chaleur latente transmise à l'air du fait de la vapeur d'eau apportée par infiltration
m_v est la masse de vapeur d'eau transmise par infiltration
L est la chaleur latente de changement de phase de l'eau
m_a est la masse d'air sec transmise par infiltration
Δx est la variation de l'humidité absolue ou teneur en eau entre l'extérieur et l'intérieur du local
v_a est le volume massique d'air sec obtenu directement sur les diagrammes psychrométriques.

Les deux expressions ci-dessus permettent de trouver la chaleur totale Q_t échangée par infiltration.

$$\boldsymbol{Q_t = Q_s + Q_l}$$
$$\boldsymbol{= m_a\, \Delta h}$$
$$\boldsymbol{= q_v / v_a\, \Delta h}$$

Δh est la différence d'enthalpie massique de l'air atmosphérique extérieur et intérieur.

On démontre à partir des valeurs moyennes des propriétés physiques de la vapeur d'eau et de l'air sec et humide que les trois formules établies ci-dessus peuvent se ramener avec une bonne approximation à :

$$Q_s = 0{,}29\ q_v\ \Delta T \quad kcal\ h^{-1}$$
$$Q_l = 0.771\ q_v\ \Delta x \quad kcal\ h^{-1}$$
$$Q_t = 1{,}18\ q_v\ \Delta h \quad kcal\ h^{-1}$$

Q_v est en $m^3\ h^{-1}$
T est en °C,
x en g kg^{-1}As
h en kcal kg^{-1}AS

Ce sont ces expressions qui sont utilisées pour le calcul des gains calorifiques par infiltration et par renouvellement d'air des locaux. Les valeurs des débits d'air par infiltration sont le plus souvent donnés en volumes du local à l'heure et dépendant étroitement de l'étanchéité des ouvertures. Les tableaux de l'annexe 7 permettent de calculer les gains par infiltration pour quelques cas particuliers d'ouvertures.

Exercice 10.8. Gains de chaleur par infiltration d'air atmosphérique externe

Un local climatisé comporte deux fenêtres de 1,2 m² chacune, et une porte fermée de 2,4 m². Porte et fenêtres ont des largueurs de 1 m. Le local est maintenu à 25°C avec une humidité de 50% et les conditions extérieures sont de 35°C de température sèche et 24°C de température humide. Calculer les gains latents et sensibles par infiltration en utilisant les relations données plus haut. On admettra que les infiltrations sont données par un débit uniforme de 5 $m^3\ h^{-1}\ m^{-1}$ de cadre des ouvertures.

Réponse :

Les gains par infiltration sont calculés comme suit. L'air extérieur passe des conditions externes aux conditions internes en remplaçant une quantité équivalente d'air du local.

Le diagramme de l'air humide donne pour l'air extérieur

$h_e = 12\ kcal\ kg^{-1}AS$
$x_e = 0{,}010\ kg\ kg^{-1}AS$

On obtient pour l'air interne les valeurs suivantes

$h_i = 17{,}2\ kcal\ kg^{-1}AS$
$x_i = 0{,}0145\ kg\ kg^{-1}AS$

Calcul des débits d'infiltration des deux fenêtres

$q_v = 5\ m^3/h/m\ *(2*2*2{,}2)\ m$
$= 44\ m^3/h$

Calcul us débit d'infiltration par la porte
$q_v = 5\ m^3/h/m\ *(3{,}4*2)\ m$
$= 34\ m^3\ h^{-1}$

Calcul des trois chaleurs sensible Q_s, latente Q_l et totale Q_t.

$Q_s = 0{,}29*q_v*(t_e - t_i)\ kcal/h$
$Q_s = 0{,}29*(44+34))*10$
$= 226.2\ kcal\ h^{-1}$
$= 0{,}26\ kW$

$Q_l = 710*\ q_v*(X_e - X_i)\ kcal/h$
$Q_l = 710*(44 + 34)*0{,}0045$
$= 249.2\ kcal\ h^{-1}$
$= 0{,}29\ kW$

$Q_t = Q_s + Q_l$
$Q_t = 0.55\ kW$

h. Gains par renouvellement d'air provoqué

Dans un local climatisé, une certaine quantité d'air neuf doit être introduite de façon régulière lorsque des personnes sont présentes en raison des mauvaises odeurs et de la stagnation d'air vicié dans la pièce.

Le taux de renouvellement d'air doit être augmenté en présence de fumeurs.

Une fraction d'air neuf est mélangée à l'air recyclé avant le conditionnement sur la batterie froide. Cette fraction d'air neuf dépend du taux de renouvellement désiré. Le taux de renouvellement dépend en particulier de la présence de fumeurs dans le local et du nombre d'occupants

Le tableau 10.5 donne les débits d'air nécessaires pour différentes salles. Le calcul des gains de chaleur est fait à partir des expressions établies ci-dessus au niveau des gains calorifiques par infiltration.

Désignation des locaux	**Débit min d'air neuf sans fumeurs (m^3/h/personne)**	**Débit min d'air neuf avec fumeurs (m^3/h/personne)**
locaux d'enseignement	15 à 18	25
dortoirs, chambres collectives	18	25
Bureaux et locaux assimilés	18	25
salles de réunion, spectacles...	18	30
boutiques, supermarchés	22	30
cafés, bars, restaurants...	22	30
locaux à usage sportif	18	30

Tableau 10.5 Débits de renouvellement d'air nécessaire pour locaux climatisés.

i. Gains calorifiques dus au rayonnement solaire

C'est en général le plus important des gains thermiques qui constituent les apports calorifiques d'un local dans les pays tropicaux.

Les gains solaires varient avec la période de l'année, de la journée et selon les lieux géographiques. On peut arriver à une détermination précise des apports solaires grâce à un calcul détaillé et précis de l'absorption et transmission du flux thermique solaire à l'air du local en régime dynamique. Cependant, pour les cas pratiques du calcul des charges climatiques des bâtiments, des méthodes simplifiées et suffisamment fiables ont été mises au point. Le but est d'approcher les gains calorifiques avec une erreur limitée à 10 voire 20 %.

Un bâtiment même protégé du soleil reçoit un **rayonnement direct et diffus**.

Photo 10.3 Gains calorifiques solaires du bâtiment

Gains solaires par les murs, toitures et autres parois opaques

L'apport de chaleur périodique dû au soleil introduit un régime transitoire dans le calcul des apports calorifiques. En régime périodique, le moment où l'apport d'énergie est réalisé sur la face externe d'une paroi opaque diffère du moment où cette chaleur arrive sur la face interne et à l'air interne.

Pour simplifier les calculs, on introduit un **écart de température fictif ΔT_f** (ou virtuel) dû à l'ensoleillement. Cet écart permet le calcul simple des apports solaires instantanés arrivant dans un local à travers une paroi ensoleillée.

On pose :

$$Q = H\,S\,\Delta T_f$$

Dans cette formule H et S sont respectivement le coefficient global d'échange et la surface de la paroi. La formule est applicable aussi bien pour une paroi verticale que pour un toit ou toute autre paroi ensoleillée

Le **calcul de ΔTf** peut être fait par diverses méthodes. Celle que nous proposons est une méthode dérivée d'une méthode proposée par A. Bonhomme, L'isolation thermique des locaux d'habitation, des maisons légères et des constructions solaires [1].

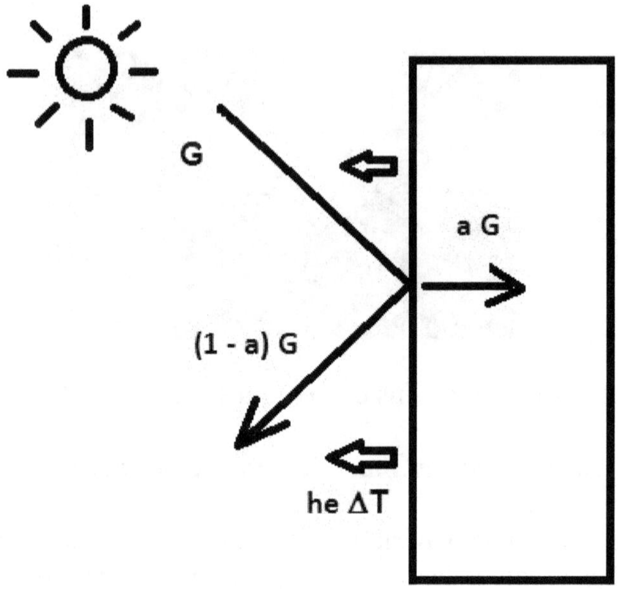

Figure 10.12 Répartition des apports solaires tombant sur une surface opaque

La méthode proposée pose :

$$\Delta T_f = \frac{a\,G}{h_e}\,F$$

La signification physique des quatre paramètres de la relation est donnée ci-après.

Coefficient de convection h_e.

Les valeurs des coefficients de convection sont données par le tableau 10.3. Par expérience une bonne approximation du coefficient de h_e est de 15 W/m²/K. Il est bien entendu que h_e dépend de beaucoup de facteurs dont la vitesse du vent externe entre autres.

Rayonnement global G.

Les valeurs du rayonnent global G tombant sur les parois de différentes orientations sont données en Annexe 5. Ces valeurs sont proposées ici pour les besoins de calcul des écarts de température fictifs.

Facteur d'absorption a.

Les valeurs du facteur d'absorption proposées par André Bonhomme [1] sont les suivantes :

a = 0.4 pour les métaux polis brillants,
a = 0.6 pour les murs en maçonnerie de couleur claire,
a = 0.8 pour toutes les maçonneries et murs de couleur sombre.

Facteur inertiel F.

L'écart de température fictif dépend aussi de l'inertie du mur considéré, c'est-à-dire de sa capacité à stocker la chaleur en transit dans ce mur.

Pour une **structure légère** (masse des structures porteuses par unité de surface du plancher inférieure à 150 kg m^{-2}) on prendra F = 1

Pour une **structure moyenne** (masse des structures porteuses par unité de surface du plancher comprise entre 150 et 350 kg m^{-2}) on prendra F = 0.9

Pour une **structure lourde** (masse des structures porteuses par unité de surface du plancher supérieure à 350 kg m^{-2}) on prendra F = 0.8

Remarque : Les effets des températures internes et externes et de l'isolation du mur sur les gains ne sont pas pris en compte dans le calcul. Le calcul ne tient pas compte non plus du reflux de chaleur après absorption du rayonnement vers l'extérieur.

Exercice 10.9. Gains de chaleur par les parois opaques en provenance du soleil

Un mur vertical à 15° de latitude nord et orienté à l'est a un de coefficient d'absorption a = 0.7 et un coefficient de convection externe h_e = 15 W m^{-2} K^{-1}. Le bâtiment est une structure légère (F = 1). La surface du mur est de 25 m^2 avec un coefficient d'échange global de 2,5 W m^{-2} K^{-1}. Quel est le flux de chaleur dû au soleil à travers ce mur à 9h en Mars ?

Réponse :

$$\Delta T_f = \frac{a\,G}{h_e} F$$

A 9h au mois de mars il tombe sur ce mur 606 W/m² (voir Annexe 5). On en déduit

$$\Delta T_f = 0.7 * 606*1 / 15$$
$$= 28,3\ °C$$

$$Q = H\,S\,\Delta T_f$$
$$= 2,5 * 25 * 28,3$$
$$= 1769\ W$$

j. Gains solaires par les parois vitrées

Il s'agit ici de l'effet de serre. On considère que le flux solaire absorbé par le local est fonction de :

- L'orientation de la vitre (sud, est, nord-ouest, etc.)
- la teinte de la vitre
- la latitude du lieu
- l'heure de la journée

Pour simplifier, on peut dire que le calcul se ramène à celui de l'effet de serre provoqué par le vitrage (figure 10.13).

On pose le gain de chaleur :

$$\boldsymbol{Q = \tau\,\alpha\,S\,G}$$

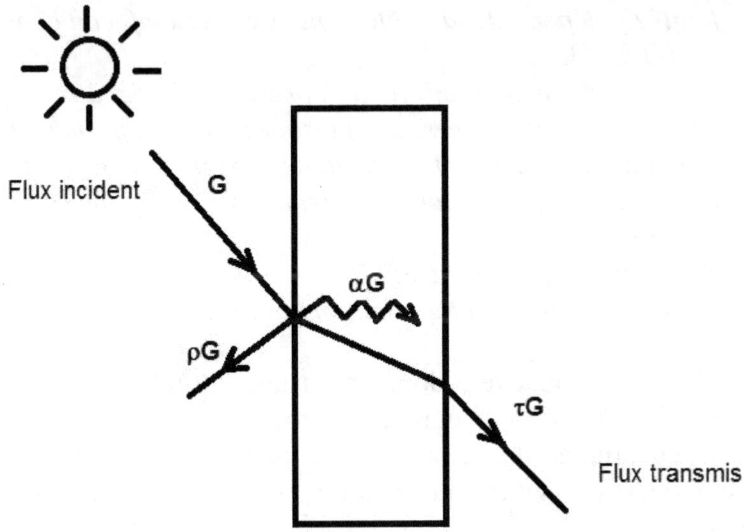

Figure 10.13 Energie solaire transmise, absorbée et réfléchie par une surface opaque

Q est la chaleur retenue dans le local ;
τ est le coefficient de transmission de la vitre ;
α est le coefficient d'absorption du rayonnement solaire transmis dans le local ;
S est la surface du vitrage ;
G est le rayonnement global solaire.

Comme pour les parois opaques, les apports par les parois vitrées sont difficiles à évaluer à partir d'une relation simple. *En particulier la part du rayonnement transmis à l'air interne n'est pas facile à déterminer*. On utilise en lieu et olace les **méthodes empiriques** telles que celle décrite ci-dessous.

On pose

$$Q = g F S G$$

- *Q est le gain de chaleur par l'air du local*
- *g est appelé facteur solaire de la vitre ou facteur de transmission moyen de la vitre (sans store). On prendra g = 2/3 pour toute vitre ordinaire sans teinte. Pour toute vitre*

teintée g dépend de la teinte et peut varier de façon continue de 1/3 à 2/3.

- *F et un facteur correctif dû à la présence de rideaux extérieurs ou intérieurs, aux masques, etc. On prendra F = 1/3 pour les rideaux et protections extérieurs et F = 2/3 pour les rideaux et protections intérieurs, et F = 1 pour les fenêtres sans rideaux.*
- *S et la surface de la vitre*
- *G est le rayonnement global tombant sur la vitre*

Le tableau de l'annexe 5 donne pour une latitude de 15° et pour chaque mois de l'année et heure de la journée les apports solaires tombant sur un simple vitrage sans protection solaire. Pour toute autre latitude supérieures il faut recourir aux ouvrages de thermiques solaires spécialisés.

Exercice 10.10. Gains de chaleur solaire par les parois vitrées

Calculer les apports thermiques solaires dus aux fenêtres d'une maison à 10° de latitude nord dans les conditions suivantes. La maison comporte deux fenêtres vitrées sur les murs nord et sud. Les surfaces des vitres, qui ne sont ni masquée ni teintées, sont de 1,2 m² chacune. On calculera les gains réels instantanés en Mars à 14h.

Réponse :

Surface totale de captation par fenêtre	$S = 1,2\ m^2$
Facteur solaire	$g = 0.67$
Protection par des rideaux	$F = 1$
G côté nord	$\Phi_n = 380\ W\,m^{-2}$
G côté sud	$\Phi_s = 193\ W\,m^{-2}$

le flux global instantané reçu par l'air du local est la somme des flux nord et sud

$$
\begin{aligned}
Q &= S*g*F*(\Phi_n + \Phi_s) \\
&= 1.2*0.67*1*(380+193) \\
&= 461\ W
\end{aligned}
$$

k. Puissance frigorifique Pf

Comme indiqué au début du chapitre la chaleur totale est la somme des chaleurs évaluées. Elle donne la puissance frigorifique à installer pour climatiser les locaux concernés.

On pose :

$$P_f = \sum_{i=1}^{k} Qi$$

La feuille de calcul ci-dessous résume l'ensemble de la méthode. Elle peut être saisie sous Excel.

Avec le développement de l'informatique il existe aujourd'hui beaucoup de logiciels qui permettent ce calcul de manière simple et précise. L'expérience montre que beaucoup de ces logiciels utilisent des raccourcis empiriques qui ne sont pas toujours adaptés aux cas considérés.

Le tableau 10.6 résume la méthode explicitée ci-dessus.

Les paramètres du tableau sont :

L	*longueur du local*
l	*Largeur du local*
h	*hauteur du local*
Te	*Température extérieure maximale*
Ti	*Température intérieure*
He	*Humidité extérieure*
Hi	*Humidité intérieure*

L'heure et le mois du calcul sont à préciser

Pour les murs et surfaces opaques, Surf, K et ΔT sont respectivement la surface, le coefficient global d'échange thermique et l'écart de température (Te – Ti).

Tous les facteurs mentionnés dans les cases doivent être calculés en tenant compte des valeurs proposées par les formules données avant le tableau.

Données	L	l	h	Te	Ti
	m	m	m	°C	°C
	Hre	Hri		heure	Mois
	%	%			
Conduction	***Murs***	***suf. en m²***	***H***	***ΔT***	**gains**
	S (ou SO)				
	O (ou NO)				
	N (ou NE)				
	E (ou SE)				
	Plafond				
	Plancher				
	Total des gains par conduction par les murs				**0**
	Vitrages	***surf. en m²***	***H***	***ΔT***	**gains**
	S (ou SO)				
	O (ou NO)				
	N (ou NE)				
	E (ou SE)				
	Total des gains de conduction par les fenêtres				**0**
	Porte				**0**
Ap. Solaires	***Murs+portes closes***	***surf en m²***	***H***	***ΔT fictif***	**gains**
	S (ou SO)				
	O (ou NO)				
	N (ou NE)				
	E (ou SE)				
	toit				
	Total des apports solaires par les murs				**0**
	vitrages	***Surface***	***g*F***	***G (Wm²)***	**gains**
	S (ou SO)				
	O (ou NO)				
	N (ou NE)				
	E (ou SE)				
	Total des apports solaires par les fenêtres				**0**
Apports internes sensibles et latents					
Ap. sensible	***Nature***	***quantité***	***facteurs***	***ΔT***	**gains**
	occupants			1	
	Eclairage			1	
	divers Appareils			1	
	Renouvellement				
	Total des gains sensibles internes				**0**
Ap. Latents	***Nature***	***quantité***	***facteurs***	***Δx***	***gains***
	occupants			1	
	divers Appareils				
	Renouvellement			1	
	Total des gains latents				**0**
	TOTAL DES GAINS DU LOCAL				**0**

Tableau 10.6 Fiche détaillée de calcul des gains calorifiques du bâtiment

Exercice 10.11. Calcul de la puissance de climatisation d'un local isolé

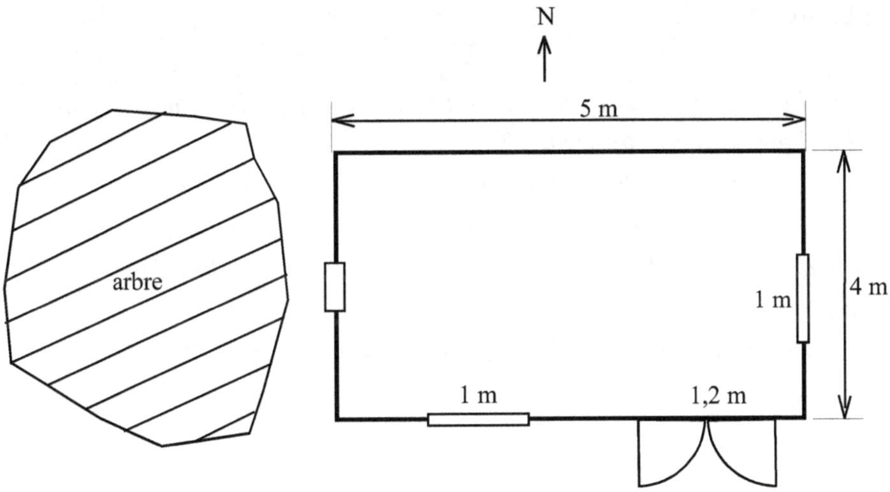

Figure 10.14 plan du local à climatiser

Le local est représenté par la figure 10.14. La hauteur des murs de teinte ocre est de 3 m sous plafond. Les fenêtres avec stores extérieurs sont de 1,2 m² et la porte métallique de 2,25 m² est opaque et de couleur sombre.

On prendra T_{ext} = 40°C, e_{ext} = 30% qui sont les conditions du mois d'avril à 13 heure à Ouagadougou et T_{int} = 24°C, e_{int} = 50% qui sont les conditions requises pour la salle conditionnée.

On estime le coefficient global d'échange des murs à 2,5 W m^{-2} K^{-1}. Celui des fenêtres et portes est estimé à 5 W m^{-2} K^{-1}. La masse surfacique des murs correspond à une structure légère. Le plafond est en contre-plaqué isolé avec une couche de laine de verre de 5 cm. On supposera un coefficient K moyen de 1.5 W m^{-2} K^{-1} et une couleur extérieure métallique et brillante pour ce toit.

Pour simplifier les calculs on supposera que chacune des 5 personnes (employés de bureau) dans le local reçoit 20 m^3 h^{-1} d'air neuf. Le local abrite des appareils électriques de puissance totale 550 W et est éclairé par deux tubes au néon de 36 W chacun.

Réponse :

Pour traiter cet exercice on utilisera une feuille tableur comme celle donnée par le tableau 10.6.

Les résultats du calcul sont donnés par le tableau 10.7.

Dans le cas particulier de cet exercice le calcul est fait pour le mois d'Avril à 13 h (c'est le mois et l'heure la plus chaude de l'année).

On aboutit à une puissance à installer de 7860 W

Données	L	l	h	Te	Ti
	5 m	**4 m**	**3 m**	**40 °C**	**24 °C**
	Hre	Hri		heure	Mois
	30%	**50%**		**13 h**	**Avril**
Conduction	***Murs***	***suf. en m²***	***H***	***ΔT***	**gains (W)**
	S (ou SO)	11,55	2,5	16	462
	O (ou NO)	12	2,5	16	480
	N (ou NE)	15	2,5	16	600
	E (ou SE)	10,8	2,5	16	432
	Plafond	20	1,5	16	480
	Plancher	20	0	0	0
	Total des gains par conduction par les murs (W)				**2454**
	Vitrages	***surf. en m²***	***H***	***ΔT***	**gains (W)**
	S (ou SO)	1,2	5	16	96
	NB :Porte sud	2,25	5	16	180
	N (ou NE)				
	E (ou SE)	1,2	5	16	96
	Total des gains de conduction par les fenêtres				**372**
	Porte				**0**
Ap. Solaires	***Murs+portes closes***	***surf en m²***	***H***	***ΔT fictif***	**gains (W)**
	S (ou SO)	11,55	2,5	14	404,25
	O (ou NO)	12	2,5	20,9	627
	N (ou NE)	15	2,5	11,4	427,5
	E (ou SE)	10,8	2,5	11,4	307,8
	toit	20	1,5	24,5	735
	Porte sud	2,25	5	14	157,5
	Total des apports solaires par les murs				**2659,05**
	vitrages	***Surface***	***g*F***	***G (Wm²)***	**gains (W)**
	S (ou SO)	1,2	0,33333333	263	105,2
	O (ou NO)				
	N (ou NE)				
	E (ou SE)	1,2	0,33333333	213	85,2
	Total des apports solaires par les fenêtres				**190,4**
Apports internes sensibles et latents					
Ap. sensible	***Nature***	***quantité***	***facteurs***	***ΔT***	**gains (W)**
	occupants	5	70,76	1	353,8
	Eclairage	2	36	1	72
	divers Appareils	1	550	1	550
	Renouvellement	100	0,33	16	528
	Total des gains sensibles internes				**1503,8**
Ap. Latents	***Nature***	***quantité***	***facteurs***	***Δx***	***gains (W)***
	occupants	5	60,32	1	301,6
	divers Appareils	1	0	0	0
	Renouvellement	100	823,6	0,00465	382,974
	Total des gains latents				**684,574**
	TOTAL DES GAINS DU LOCAL EN W				**7863,824**

Tableau 10.7 Résultat du calcul des apports calorifiques du local de la figure 10.14

10.4 Température de consigne de climatisation et économies d'énergie

Les calculs de charges de climatisation sont faits en supposant une température moyenne des locaux égale à 24°C. Cependant, en phase d'exploitation il n'est pas nécessaire de toujours conditionner le local à 24°C. Parfois un local à 30°C confère un confort thermique acceptable. Il ne faut pas perdre de vue que le confort thermique comporte une bonne part de subjectivité. Il dépend aussi de six paramètres objectifs que sont, la température ambiante, l'humidité, la vitesse de l'air, la température radiante, l'activité physique et l'habillement. C'est pourquoi on recherchera le plus souvent la satisfaction des individus au coût d'exploitation le plus bas en jouant sur ces six paramètres autant que possible.

Même si les charges de climatisation ne sont pas directement proportionnelles à la température de climatisation, elles sont dans tous les cas fortement dépendantes de cette température. La plupart des postes de gains de chaleur d'un local climatisé sont proportionnels à l'écart de température intérieur/extérieur.

Exercice 10.12. Réduction des gains de chaleur dus à l'air atmosphérique

Un local de 6m.5m.3m est maintenu à une température de 24°C et 50% d'humidité. La température extérieure est de 38°C avec une humidité de 40%. Le taux de renouvellement de l'air est de 1 volume du local à l'heure et le coefficient d'échange moyen de toutes les parois y compris le toit est de 2 W m^{-2} K^{-1}.

Quelle est la puissance calorifique échangée entre l'air de ce local et l'atmosphère environnant. De combien serait réduite la puissance frigorifique si le local était maintenant conditionné à 27°C et 50% d'humidité. Donner le résultat en W et en % de la valeur initiale.

Réponse :

On trouve à partir d'un diagramme de Carrier de l'air humide
$h_e = 80.95$ *kJ kg^{-1} AS*

$h_i = 47.44\ kJ\ kg^{-1}AS$

La chaleur transmise à l'air interne au local par convection et conduction est

$Q_{cc} = H\ S\ \Delta T$
$= 2*(6*5*1+6*3*2+5*3*2)*(38-24)$
$= 2688\ W$

La chaleur transmise par renouvellement d'air est en moyenne

$Q_{ra} = 1.18\ q_v\ \Delta h$
$= 1.18\ *(6*5*3)*(80.95 - 47.44)$
$= 3563\ W$

Chaleur totale

$Q_{tot} = 2688 + 3563$
$= 6251\ W$

Après augmentation de la température de consigne de climatisation la même chaleur devient

$Q_{cc} = H\ S\ \Delta T$
$= 2*96*(38-27)$
$= 2112\ W$

La chaleur transmise par renouvellement avec hi = 55,2 kJ kg-^{1}*AS d'air est*

$Q_{ra} = 1.18\ q_v\ \Delta h$
$= 1.18\ *90*(80.95 - 55.2)$
$= 2735\ W$

Chaleur totale

$Q_{tot} = 2112 + 2735$
$= 4847\ 1\ W$

On constate une réduction de la chaleur de 1404 W ce qui représente 22,5 % de la valeur initiale

10.5 Réduction des apports de chaleur internes du bâtiment

Au paragraphe 2.2 nous avons donné une liste non exhaustive des causes de l'échauffement de l'air interne à un local. Pour donner quelques exemples on peut mentionner tous les appareils de bureautique : les ordinateurs, les imprimantes, les fax, les photocopieuses. L'éclairage est également une source de chaleur interne. Les personnes humaines dont le métabolisme dégage de la chaleur qui peut aller de 75 W à plus de 350 W contribuent aussi à réchauffer l'air des locaux.

L'évaluation des économies d'énergie dans un bâtiment climatisé doit comprendre la **réduction des apports calorifiques dus à ces sources thermiques internes**. Cela est possible par réduction du nombre des appareils incriminés, par augmentation de leur efficacité de fonctionnement ou par réduction de leurs temps de fonctionnement. Dans tous les cas on aboutit toujours à une diminution de la chaleur totale libérée dans le local.

Les gains de chaleurs internes sont essentiellement dus aux appareils électriques et aux individus. Les appareils électriques ont presque toujours leurs apports calorifiques connus ou faciles à évaluer. Ces apports sont dits sensibles parce qu'ils n'occasionnent pas une élévation de la teneur en eau de l'air des locaux par apport de vapeur d'eau. Ce n'est pas le cas pour les apports dus aux personnes.

Une personne humaine réchauffe l'air environnant de deux manières. Cet air, quand il est à une température inférieure à la température corporelle est chauffé par convection. La chaleur correspondante peut être évaluée par la relation :

$$Q = h\, S\, (T_{corps} - T_{air})$$

Une **personne humaine libère également de la vapeur d'eau** par transpiration. Cette vapeur est directement transmise à l'air de climatisation et sera condensée lors de la climatisation. Elle contribue ainsi à augmenter les charges de climatisation. C'est pourquoi dans les calculs de gains de chaleur il faut en tenir compte.

Deux niveaux de gain de chaleur latente existent en calcul de charges frigorifiques. Les gains latents par les personnes et ceux par infiltration ou par renouvellement de l'air. Les gains latents par les personnes qui font partie des gains de chaleur internes sont donnés en même temps que les gains sensibles par le tableau de l'annexe 4.

Ce tableau donne la part de chaleur sensible et latente des individus placés dans une atmosphère plus ou moins chaude. Lorsque la température ambiante s'élève, les individus libèrent de plus en plus de vapeur d'eau pour lutter contre l'élévation de température de leur corps. L'évaporation de l'eau à la surface du corps est infiniment plus performante pour refroidir le corps que la simple convection. Chaque gramme d'eau qui s'évapore prend au corps 2500 Joules.

Exercices 10.13. Réduction de la chaleur totale d'un immeuble.

NB : Le calcul d'économie proposé ici est supposé indépendant de l'heure de la journée et du mois de l'année. Les économies mensuelles ou annuelles sont calculées abusivement mais de façon délibérée par un simple produit de l'économie horaire par le temps de fonctionnement.

On se propose d'évaluer les économies d'énergie et de devises d'un bâtiment climatisé. Le calcul sera effectué sur l'immeuble dont les caractéristiques sont données ci-dessous à partir de la fiche de méthode simplifiée. Le Bâtiment est à 4 niveaux à façades principales orientées Est-Ouest et à climatisation supposée centrale. Ces caractéristiques d'ensemble sont données par le tableau 10.8.

	Paroi opaque (m^2)	Vitrage (m^2)	Total mur (m^2)
Façade Ouest	383	185	568
Façade Est	379	186	565
Façade Sud	126	0	126
Façade Nord	126	0	126

Hauteur du bâtiment	14 m
Profondeur	9 m
Nombre de personnes	261
Eclairage fluo	271 tubes de 36 W
Ordinateurs	81 de 250 W
Photocopieurs	13 de 750 W
Imprimantes	49 de 15 W
Divers réuni dont ascenseur	47 037 W
Total équipements électriques	87 528 W
Renouvellement d'air	40 m^3/h/personne
COP du groupe frigorifique	3
Fonctionnement	10h/jour et 5 jours/semaine toute l'année
Prix moyen du kWh au B.F.	100 FCFA

Tableau 10.8 : Données de l'immeuble de l'exercice 10.3

Les économies d'énergie sont basées sur la réduction des apports thermiques de deux sources de chaleur :

L'audit énergétique d'un immeuble donne un renouvellement d'air excessif d'une part et un apport de chaleur trop élevé dû aux sources thermiques internes d'autre part. Le renouvellement d'air excessif est causé par des lames de persiennes brisées et des ouvertures fréquentes de portes et fenêtres, ainsi que des fenêtres qui ferment mal. Ce renouvellement d'air excessif a été évalué à 40 m^3 h^{-1} /personne. On se propose de le ramener à 20 m^3 h^{-1}/personne grâce à une série de mesures appropriées.

On suppose d'autre part que certains équipements électriques utilisés de façon abusive restent allumés continuellement. Une campagne de sensibilisation des usagers de ces appareils permet alors de réduire les apports thermiques des équipements électriques de 20 %.

Réponse :

Les tableaux 10.9 et 10.10 ci-dessous donnent sur fiche simplifiée de calcul des charges de climatisation les résultats de la simulation avec et sans les mesures de réduction des charges de climatisation.

Pour gagner du temps, les charges ont été calculées pour l'enveloppe du bâtiment sans considérer les pièces une par une.

En situation initiale la chaleur totale à évacuer est donnée par le tableau 10.9 et vaut

$$Q_1 = 240\,442\ W$$

Après les mesures de réduction des gains calorifiques on obtient le résultat présenté par le tableau 10.10 qui conduit à

$$Q_2 = 199\,446\ W$$

La différence $Q_1 - Q_2 = 40\,996\ W$ peut être convertie en économie de consommation électrique à l'aide du COP de 3. On fait une économie en puissance électrique non utilisée de

$$P_e = \frac{\Delta Q}{COP} = \frac{44\,996}{3} = 13\,665\ W$$

Un différentiel de 14 kW de puissance électrique est observé entre ce qui est installé et ce qu'il aurait fallu installer.

poste	charges thermiques		unités	Quantité	facteur	puissance
1	vitrage	à l'ombre	m²	186	50	9300
		ensoleillé sans stores	m²	185	180	33300
		ensoleillé avec stores intérieurs	m²		135	
		ensoleillé avec stores extérieurs	m²		90	
2	murs extérieurs	ensoleillés, isolés	m²		9	
		ensoleillés, non isolés	m²	383	23	8809
		non ensoleillés, isolés	m²		7	
		non ensoleillés, non isolés	m²	379	12	4548
3	cloisons		m²	0	10	
4	plafond ou toit	isolé	m²		5	
		non isolé	m²		12	
		sous toit isolé	m²		10	
		sous toit non isolé	m²	364,5	24	8748
5	plancher	isolé	m²		7	
		non isolé	m²	364,5	10	3645
6	renouvellement d'air		m3/h	10440	4,5	46980
7	occupants		nb	261	144	37584
8	Appareils électriques éclairage		nb.Puiss	87528	1	87528
	Puissance à installer					240442

Tableau 10.9 Charges initiales de climatisation du bâtiment de l'immeuble

poste	charges thermiques		unités	Quantité	facteur	puissance
1	vitrage	à l'ombre	m²	186	50	9300
		ensoleillé sans stores	m²	185	180	33300
		ensoleillé avec stores intérieurs	m²		135	
		ensoleillé avec stores extérieurs	m²		90	
2	murs extérieurs	ensoleillés, isolés	m²		9	
		ensoleillés, non isolés	m²	383	23	8809
		non ensoleillés, isolés	m²		7	
		non ensoleillés, non isolés	m²	379	12	4548
3	cloisons		m²	0	10	
4	plafond ou toit	isolé	m²		5	
		non isolé	m²		12	
		sous toit isolé	m²		10	
		sous toit non isolé	m²	364,5	24	8748
5	plancher	isolé	m²		7	
		non isolé	m²	364,5	10	3645
6	renouvellement d'air		m3/h	5220	4,5	23490
7	occupants		nb	261	144	37584
8	Appareils électriques éclairage		nb.Puiss	70022,4	1	70022,4
	Puissance à installer					199446,4

Tableau 10.10 Charges de climatisation du même bâtiment après application des mesures d'économie d'énergie

Pour calculer l'économie d'énergie mensuelle on pose

$$E = P_e \text{ x } 10 \text{ heures x } 5 \text{ jours x } 4 \text{ semaines}$$
$$= 2\ 733 \text{ kWh}$$

Le résultat est donc 2733 kWh d'énergie économisée correspondant à 273 300 FCFA de devises économisées par mois. En réalité ce résultat correspond à une situation de charges fixes maximales. Une analyse heure par heure (et mois par mois sur une année) donnerait le résultat attendu.

10.6 Amélioration de l'enveloppe du bâtiment pour une meilleure efficacité énergétique

Photo 10.3 Bâtiments avec grande façade totalement ensoleillé et synonyme d'inconfort

Un audit énergétique de bâtiment en vue de réduire sa consommation énergétique s'intéressera nécessairement à l'enveloppe du bâtiment avec pour objectif ***qu'avant de climatiser, il faut éviter de chauffer***. Les bâtiments les plus énergétivores sont ceux à façades principales donnant sur l'est et l'ouest. L'énergie solaire du matin et de l'après-midi est alors absorbée en grande quantité par l'immeuble. Tous les bâtiments peu compactes c'est à dire étalés préférentiellement dans le sens Est/Ouest sont difficiles à refroidir. Quelques règles simples de protection contre le rayonnement solaire et contre l'atmosphère externe plus chaude doivent alors être observées. Ainsi, pour réduire la charge de climatisation des bâtiments en climat chaud on préconise de :

- Protéger les fenêtres contre le soleil (verres teintés ou réfléchissants, stores, films de protection solaire…) ;
- Isoler les murs extérieurs et faux-plafond ;

- Limiter les infiltrations ;
- Favoriser les masques et protections solaires (arbres en particulier).

Exercice 10.14. Réduction des gains de chaleur solaires par le choix de l'orientation d'un immeuble

Un immeuble de 9 m de largeur sur 30 m de hauteur et 60 m de longueur a un ensoleillement caractérisé par les données suivantes :

Le toit est en couleur moyennement réfléchissante et les murs de couleur sombre mat. La structure du bâtiment est lourde. On veut évaluer uniquement les apports solaires pour cet immeuble en négligeant les parois vitrées et l'effet de serre qu'elles provoquent. Calculer la différence d'apports solaires par les parois opaques quand le bâtiment est orienté grandes façades Est/ouest puis grandes façades Nord/Sud en novembre à 15 heures. Conclusion ? On donne pour l'ensemble des parois verticales K = 3 W m^{-2} K^{-1} et pour le toit K = 2.5 W m^{-2} K^{-1}

Réponse :

Par le calcul on trouve les écarts fictifs de température ΔT_f de chaque paroi et pour $a = 0.8$ et $F = 0.8$ sous la forme :

ΔT_f *Sud = 16.3*
ΔT_f *Ouest = 22.3*
ΔT_f *Nord = 5.9*
ΔT_f *Est = 5.9*
ΔT_f *horizontal = 15.9*

Le calcul de la chaleur qui passe par chaque paroi donne pour l'orientation Est/ouest des grandes façades

$H\ S\ \Delta T_f$ *Sud = 13 200 W*
$H\ S\ \Delta T_f$ *Ouest = 120 420 W*
$H\ S\ \Delta T_f$ *Nord = 4 780 W*
$H\ S\ \Delta T_f$ *Est = 31 860 W*
$H\ S\ \Delta T_f$ *horizontal = 21 470 W*
TOTAL = 191 727 W

Lorsque le bâtiment est orienté Nord/Sud on trouve
$H\ S\ \Delta T_f\ Sud = 88\ 020\ W$
$H\ S\ \Delta T_f\ Ouest = 18\ 060\ W$
$H\ S\ \Delta T_f\ Nord = 31\ 860\ W$
$H\ S\ \Delta T_f\ Est = 4\ 780\ W$
$H\ S\ \Delta T_f\ horizontal = 21\ 465\ W$
TOTAL = 164 187 W

On en déduit la variation d'apports solaires

ΔQ = *191 727 – 164 187 W*
= *27,5 kW*
= *14, 4 % de la valeur initiale*

11 Echanges thermiques inter-fluides du bâtiment.

11.1 Réduction des débits d'air neuf des centrales de traitement

Le débit d'air neuf dont il est question fait référence au renouvellement d'air provoqué. Il s'agit du cas où un local est climatisé à partir d'une centrale de traitement d'air dont le rôle est de traiter l'air nécessaire à la climatisation puis de le distribuer dans les locaux concernés.

L'air en question est refroidi à 8, 10, 12°C puis distribué dans les locaux où il est réchauffé jusqu'à la température de consigne de climatisation retenue. Pour réduire les pertes de froid on recommande que tous les locaux soient hermétiquement fermés afin d'éviter tout apport d'air chaud parasite. L'air nécessaire à la respiration des personnes est apporté par le soufflage de l'air conditionné lui-même. Cet air frais et neuf soufflé dans les locaux sera non seulement réchauffé mais vicié par le métabolisme humain en particulier, avant d'être repris pour être rejeté à l'extérieur.

C'est le fonctionnement d'un système de climatisation fonctionnant à 100% d'air neuf où l'air pris à l'extérieur est traité, utilisé et rejeté tout entier pour reprendre la même quantité d'air neuf.

On remarquera que lorsque l'air extérieur est à 38°C, que la température de consigne de refroidissement du local est de 24°C et que la température de traitement de l'air est de 10°C **par exemple**, la quantité de frigories rejetées par l'air vicié est exactement la moitié de celle nécessaire lors du traitement de l'air extérieur, abstraction faite des variations d'humidités relatives. En d'autres termes on peut dire que si l'air repris dans le local pouvait être ramené en boucle fermée pour être traité et réinjecté dans la même salle on économiserait 50% de l'énergie de climatisation. C'est pourquoi et sauf dans des cas particuliers très rares, l'air vicié n'est jamais rejeté totalement.

Pour obtenir un air conditionné sain pour les individus on prélève une proportion d'air neuf à laquelle on mélange une proportion complémentaire d'air repris ou vicié. Ce mélange est traité et rejeté dans les locaux à climatiser. C'est ce que schématise le croquis de la figure 11.1 de traitement de l'air humide sur un diagramme de Carrier.

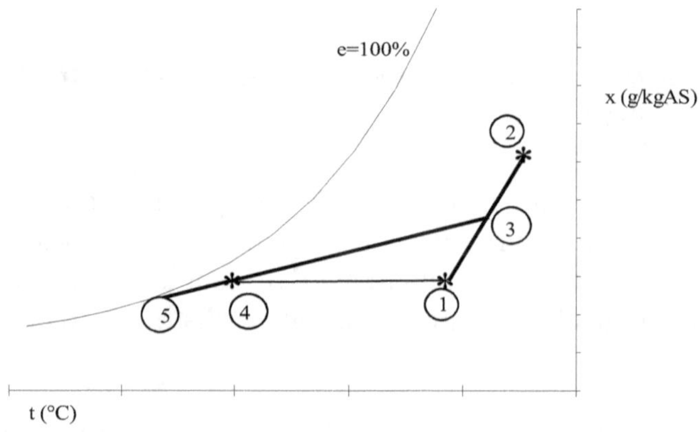

Figure 11.1 Traitement d'air de climatisation

Dur la figure 11.1, l'air interne (1) est mélangé en proportion variable à l'air extérieur (2) pour donner un mélange (3). Ce mélange est passé sur la batterie froide de (3) à (4) pour donner l'air traité au point (4). Cet air sera utilisé pour refroidir les locaux afin de les maintenir dans l'état (1). Les apports calorifiques résultant du passage dans les locaux correspondent à l'évolution de (4) à (1). Les proportions du mélange d'airs issus de (1) et (2) déterminent l'état du mélange au point « 3 » ainsi que le niveau des économies d'énergie réalisable.

Lorsque la proportion d'air extérieur est élevée dans un mélange d'airs, l'air résultant est proche de l'état de l'air extérieur (2) et la climatisation coûte cher. Pour minimiser le coût de climatisation il faut réduire au strict minimum la quantité d'air neuf au profit de l'air repris du local. Dans ces conditions le point de mélange (3) est proche de l'état (1) et le coût du traitement est minimisé.

La quantité minimale d'air neuf admis est calculée à partir des besoins des personnes vivant dans les locaux. On estime que les besoins d'air neuf d'une personne sont voisins de 30 m3/heure.

Si un local doit contenir 100 personnes les besoins d'air neuf de ces 100 personnes seront alors de 3 000 $m^3\ h^{-1}$. Si les besoins d'air traité sont évalués à 5000 $m^3\ h^{-1}$, alors on pourra considérer que 2 0000 $m^3\ h^{-1}$ de cet air à traiter viendront de la reprise d'air vicié du local qui contient les 100 personnes.

Dans cet exemple on peut dire que la quantité d'air neuf est de 3/5 soit 60% d'air neuf. La quantité d'air neuf d'un cycle de traitement d'air peut varier indifféremment de 20, 30 50 à 60 % et plus en fonction des besoins de climatisation et du métabolisme des personnes. Pour faire des économies on réduira dans tous les cas la part d'air neuf du mélange au strict minimum en utilisant les valeurs de besoin d'air neuf du tableau 10.5.

Pour évaluer les **économies d'énergie du renouvellement d'air**, on utilisera les formules vues à la sous-section (h) des gains calorifiques par infiltration. Les échanges de vapeur d'eau entre les masses d'air et la condensation de ces vapeurs lors des refroidissements fait qu'il faut tenir compte de ce qu'il est convenu d'appeler gains ou apport latents.

Remarque : On retiendra que la chaleur totale Q_t échangée par renouvellement d'air de débit q_v ($m^3\ h^{-1}$) dont l'enthalpie varie de Δh est.

$$
\begin{aligned}
Q_t &= Q_s + Q_l \\
&= m_a\,\Delta h \\
&= q_v/\nu_a\,\Delta h \quad \text{Watts}
\end{aligned}
$$

NB: cette formule n'est pas une relation approximative comme celle proposée au chapitre 10.
ν_a est le volume massique d'air sec en $m^3\ kg^{-1}$AS

Exercice 11.1. Economies d'énergie par renouvellement d'air de climatisation.

On considère un système de traitement d'air d'un grand immeuble dans un pays chaud (figure 11.2). Le débit total d'air est de 85 000 m3 h^{-1}. L'air est traité et distribué dans les locaux à climatiser à 16°C et 80% d'humidité et repris à 26°C et 40% d'humidité. La température extérieure est de 40°C et 30%

d'humidité. Le taux de renouvellement d'air initial est de 65% en volume. Après vérification de ce taux pour l'adapter aux besoins réels des habitants du bâtiment, on décide de le ramener à 45% compte tenu des besoins d'air neuf enregistrés dans l'immeuble. Déterminer les économies d'énergie réalisées par mois lorsque le COP de l'installation est de 2,85. On considérera que le système fonctionne 8h par jour et 5 jours par semaines.

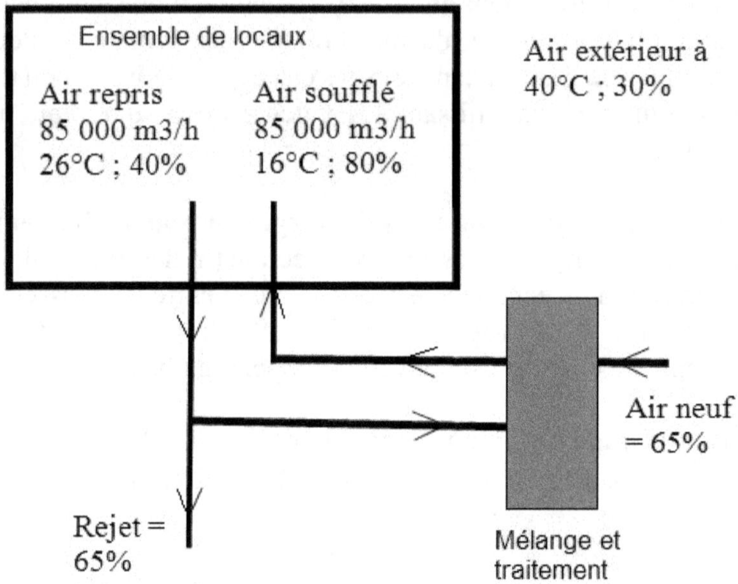

Figure 11.2 Schéma du circuit d'air de l'exercice 11.1

Réponse :

Pour résoudre le problème il faut déterminer les conditions de l'air extérieur, de reprise, et de soufflage comme suit :

Air extérieur $T_e = 40°C$; $e_e = 30\%$; $x_e = 13.9\ g\ kg^{-1}AS$; $h_e = 76\ kJ\ kg^{-1}AS$

Air repris $T_r = 26°C$ $e_r = 40\ \%$ $x_r = 8.4\ g\ kg^{-1}AS$ $h_r = 47\ kJ\ kg^{-1}AS$

Air soufflé $T_s = 16°C$; $e_s = 80\%$ $x_s = 9.1\ g\ kg^{-1}AS$ $h_s = 39\ kJ\ kg^{-1}AS$

Les caractéristiques de l'air de mélange sont obtenues à partir des équations suivantes établies au chapitre 10

$$\frac{m_{ae}}{m_{ar}} = \frac{x_r - x_m}{x_m - x_e} \qquad \frac{m_{ae}}{m_{ar}} = \frac{h_r - h_m}{h_m - h_e}$$

Ces deux équations donnent x_m et h_m dont on déduit ensuite T_m et e_m sur le diagramme de l'air humide.

Avec 65% de renouvellement de l'air on trouve les conditions suivantes pour le mélange :

$x_m = 11.9\ g\ kg^{-1} AS$; $h_m = 66\ kJ\ kg^{-1} AS$; $T_m = 35°C$; $e_m = 33.7\%$

Avec 45% de renouvellement de l'air on trouve les conditions suivantes pour le mélange :

$x_m = 10.8\ g\ kg^{-1} AS$; $h_m = 60\ kJ\ kg^{-1} AS$; $T_m = 32.2°C$; $e_m = 36\%$

On utilisera la formule qui donne la chaleur totale en fonction de la variation d'entropie.

$Q_t = m_a \Delta h$ Watts

Pour 100% d'air neuf le débit d'air sec

$m_a = q_v / v_a$
$= 93\ 720\ kg\ AS\ h^{-1}$

$Q_t = m_a (he - hs)$
$= 93\ 720\ (76 - 39) / 3600$
$= 963\ kW$

Pour un mélange à 65 % d'air neuf et 35 % d'air repris on aura

$Q_t = (m_{a1} + m_{a2})\ (h_m - h_s)$
$= (34630 + 60910) * (66\text{-}39)$
$= 724\ kW$

Remarque : *la masse d'air de mélange est également la somme des masses d'air sec.*

Pour un mélange à 45 % d'air neuf et 55 % d'air repris on au

$$Q_t = (m_{a1} + m_{a2})\ (h_m - h_s)$$
$$= (54\ 420 + 42\ 170) * (60\text{-}39)$$
$$= 563\ kW$$

La puissance frigorifique sera réduite de 161 kW soit 22 %, ce qui donne une réduction de puissance électrique appelée de

161 / 2,85 = 54 kWe

Les économies d'énergie mensuelles seront alors de :

*54*8*5*4 = 8640 kWh*

11.2 Récupération des frigories de l'air vicié

Il existe en climatisation centrale de très nombreux cas où il n'est pas possible de reprendre en boucle fermée l'air vicié des locaux pour le traiter et le réutiliser. C'est le cas pour les hôpitaux en général où l'air repris des chambres de personnes malades atteintes de maladies infectieuses en particulier, ne peut pas être traité et réutilisé sous peine de provoquer des épidémies.

Lorsque les locaux utilisent des produits chimiques ou bactériologiques réputés dangereux pour la santé, c'est également le cas. Dans ces cas particuliers l'air doit être traité, utilisé et totalement rejeté. Le coût énergétique est donc élevé.

Dans tous les cas, lorsque la quantité d'air rejeté est élevée, le coût de la climatisation est nécessairement élevé. Pour réduire ce coût par une récupération des frigories perdues par ce processus on peut utiliser un échangeur de chaleur air/air sur le circuit de l'air repris et rejeté.

L'échangeur de chaleur permet de faire passer la chaleur du fluide chaud entrant dans le local au fluide froid sortant. Ainsi le fluide chaud est toujours refroidi pendant que le fluide froid s'échauffe.

Un tel échangeur se caractérise par sa surface d'échange S, son coefficient global d'échange U, son coût souvent directement proportionnel à la surface d'échange thermique qui sépare les deux fluides. Suivant l'intensité d'échange désiré on choisira un échangeur plus ou moins grand et donc plus ou moins cher. Les coefficients de convection entre air et surface d'échange sont faibles en comparaison à ceux observables avec les liquides. Pour un échange air/air les coefficients de convection sont donc doublement faibles. La surface d'échange est nécessairement élevée et l'échangeur cher.

Exercice 11.2. Récupération de frigories par un échangeur de chaleur air/air

Un local à climatiser à 26°C, 40% d'humidité doit être équipé d'un échangeur récupérateur de frigories pour récupérer les frigories de 65 % d'air vicié rejeté (figure 11.3). L'air neuf refroidi par cet échange préliminaire est ensuite mélangé à l'air vicié recyclé. La température de l'air extérieur est de 40°C pour une humidité relative de 30% et celle de soufflage dans les locaux est de 16°C et 80% d'humidité. L'objectif de l'opération et de récupérer 75% de frigories rejetées. Le schéma de l'installation est donné ci-dessous. Pour simplifier on donne les valeurs moyennes :
Masse volumique de l'air ρ = 1.2 kg/m3 et sa chaleur spécifique c = 1 kJ/kg.

Déterminer les températures de sorties des deux fluides à leurs sorties de l'échangeur supposé sans pertes thermiques. En déduire les humidités relatives.

Quel est l'état du mélange d'air neuf refroidi et d'air vicié réinjecté dans la boucle de traitement.

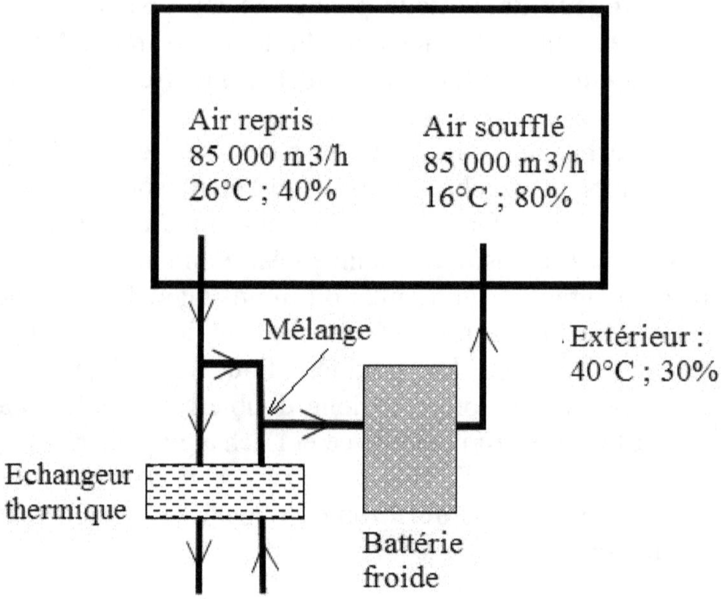

Figure 11.3 Schéma du circuit d'air de l'exercice 11.2

Réponse :

Calcul des frigories rejetées sans récupération

$Q = mc\ (T_e - T_i)$

$= (1.2 * 0.65 * 85000/3.6) * 1 * (40 - 26)$ kWatts

$= 257$ kW

Frigories récupérées

$= 75\ \%\ Q$

$= 193$ kW

La température de sortie de l'air vicié de l'échangeur est alors

$T_{is} = Q/mc + T_i$

$= 193\ 000/1.2/0.65/85000)*3.6 + T_i$

$= 10.5 + 26$

$= 36.5\ °C$

La température de sortie de l'air neuf de l'échangeur est déduite de l'équation du bilan thermique

$$m\ c\ (T_{ie} - T_{is}) = mc\ (T_{ee} - T_{es})$$

T_{es} = $T_{ee} + T_{ie} - T_{is}$
= 40 + 26 - 36.5
= 29.5°C *(température supérieure au point de rosée)*

Humidités relatives de l'air chaud et de l'air froid en sortie de l'échangeur. Le chauffage des deux airs se fait à humidité absolue constante. On en déduite par lecture sur le diagramme de l'air humide l'humidité de l'air vicié en sortie de l'échangeur

e = 23 %

et l'humidité de sortie de l'air chaud de l'échangeur :

e = 54 %

11.3 Eau chaude sanitaire et récupération de calories

11.3.1 Cogénération, Energies renouvelables

Depuis l'avènement des économies d'énergie dans les années 70 et 80 la cogénération est devenue un des moyens les plus utilisés pour améliorer l'efficacité énergétique des procédés énergétiques. On peut utiliser ce moyen pour produire du froid de conditionnement d'air à l'évaporateur d'un groupe de production frigorifique tout en récupérant la chaleur du condenseur pour divers chauffages.

La cogénération est également fréquente dans les cas de production électrique à partir d'un groupe électrogène dont l'échappement est utilisable pour chauffer de l'eau ou faire du froid par sorption.

De nombreux hôtels ont recours à ce moyen pour réduire leurs factures d'eau chaude sanitaire.

Les systèmes de deux à trois sources d'énergie sont certainement coûteux en investissement mais sont également rentables quand les besoins d'eau chaude sont importants comme dans les hôtels pendant les périodes froides de l'année.

Le coût très élevé de l'électricité ou du fuel dans beaucoup de pays en développement fait que le temps de retour des investissements est très court.

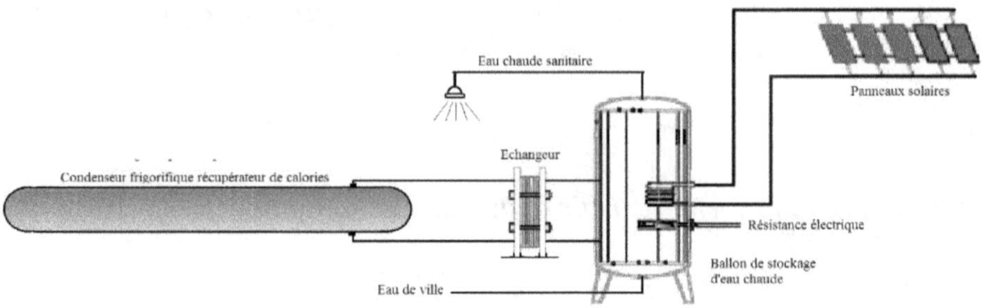

Figure 11.4 Schéma de production d'eau chaude sanitaire à partir de trois sources de chauffage complémentaires.

Les **systèmes de cogénération de chaud et de froid** sont très utilisés dans les pays en développement des régions tropicales dans l'hôtellerie. Le froid est produit pour la climatisation pendant que la récupération de chaleur au condenseur sert à produire l'eau chaude sanitaire (ECS) utilisable dans les douches des chambres. On arrive dans certains cas à une couverture des besoins en ECS de 100%.

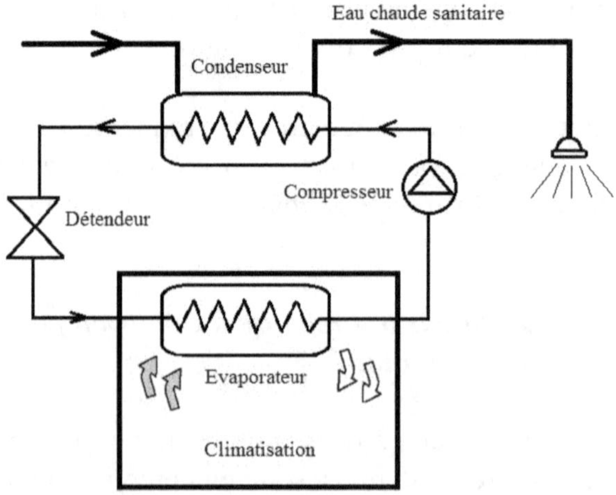

Figure 11.5 Cogénération froid et chaud

Le croquis indiqué par la figure 11.5 donne une idée du fonctionnement d'un tel système. L'eau chaude obtenue à partir des condenseurs est le plus souvent à une température intermédiaire inférieure à celle nécessaire ou exigée dans les ballons de stockage de l'ordre de 60 à 65°C. **L'appoint est alors fait par une seconde source thermique telle que le chauffage à l'énergie solaire, au gaz ou au fuel**. Dans tous les cas on économise l'énergie de chauffage de l'eau de la température du réseau d'eau à la température intermédiaire à celle de stockage.

Les calories ainsi récupérées, provenant le plus souvent de la désurchauffe du fluide frigorigène au condenseur, sont collectées par un échangeur, souvent à plaque de très bonne efficacité d'échange thermique, et sont véhiculées vers le ballon de stockage ou l'appoint est fourni.

11.3.2 Puissance et Energie de chauffage

Il existe essentiellement deux types de production de l'ECS :

- *la production instantanée où l'eau est chauffée au moment de la demande. Ce mode est recommandé chaque fois que les demandes de puisage sont faibles ;*
- *L'accumulation où l'eau chauffée est maintenue en température dans un réservoir calorifugé.*

Le choix de l'un ou l'autre dépend de la demande, du temps de chauffage nécessaire entre deux pointes de demande, du niveau même des pointes de demande mais aussi de la source d'énergie utilisée.

Le solaire et les rejets thermiques nécessitent en général un stockage de l'eau parce que les pointes de demande sont presque toujours en décalage avec la disponibilité en énergie.

On retiendra que dans les pays tropicaux les besoins en eau chaude sont deux ou trois fois plus faibles que ceux des pays tempérés. ***Dans tous les cas l'eau est chauffée à 60°C et stockée à cette température puis distribuée à 45°C dans les douches et à 55°C dans les cuisines.***

Pour une quantité V m^3 d'eau chauffée de la température du réseau d'eau T_r à la température de stockage T_s on a une chaleur fournie :

$$\mathbf{Q = m\,c\,(T_s - T_r)}$$
$$\mathbf{= V\,\rho\,c\,(T_s - T_r)}$$

Pour

ρ = 1000 kg.m^3

c = 4180 J/kg

On obtient la **relation approchée** suivante utilisable pour un calcul rapide et assez précis de la chaleur Q fournie à un volume V fixe d'eau.

$$\mathbf{Q = 1{,}16\ V\,(T_s - T_r)\quad kWh}\qquad \text{quad V est exprimé en m}^3$$

La puissance P de chauffage en continue d'un débit q_v m^3/h d'eau peut aussi être obtenue par une formule similaire

$$\mathbf{P = 1.16\ q_v\,(T_s - T_r)\quad kW}$$

Les besoins d'eau chaude par type de logement permettent de dimensionner le système en quantité d'eau et de chaleur nécessaires par jour.

Exercice 11.3. Récupération de chaleur au condenseur d'un groupe frigorifique

Un hôtel situé dans un pays chaud a un circuit de conditionnement d'air dont la puissance frigorifique P_f est de 300 kW. Le COP de l'installation est de 3. L'hôtel a 250 chambres et un taux d'occupation moyen de 80 %. L'eau chaude sanitaire est chauffée à 60°C à partir de l'eau de ville obtenue à 30°C. Les besoins journaliers moyens sont de 40 litres par chambre. On veut récupérer 15 % de la chaleur du condenseur (représentant uniquement la désurchauffe du fluide frigorigène au condenseur) pour chauffer l'eau sanitaire. Si la climatisation centrale marche 24h/24 à une allure moyenne assimilable 2/3 de sa puissance nominale quelle serait le taux de couverture des besoins ?

Réponse :

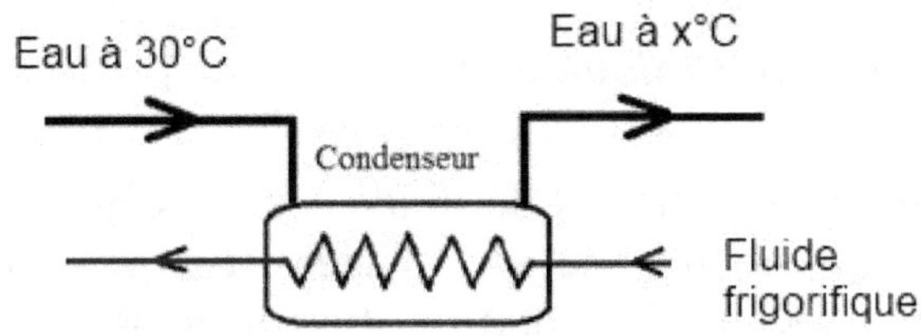

Figure 11.6 Récupération de chaleur dans un condenseur frigorifique

La puissance calorifique rejetée par le condenseur est

$$\boldsymbol{Q = P_f\,(COP + 1)\ /\ COP}$$
$$= 300\ (3 + 1)\ /\ 3$$
$$= 400\ kW$$

La chaleur récupérable est de 15 % de cette chaleur soit 60 kW En 24 h de fonctionnement continue au 2/3 de la puissance nominale on aboutit à 960 kWh de chaleur récupérée par jour. Cette chaleur est à comparer aux besoins de l'hôtel supposés constants dont le volume est de :

$$V = \text{Nb de chambre X taux d'occupation X besoins par chambre.}$$
$$= 250.\ 0.8.\ 40\ \text{litres}$$
$$= 8\ m^3$$

Ce volume d'eau chauffé de 30°C à 60°C correspond à un besoin en chaleur de

$$Q = 1.16\ V\,(T_s - T_r)$$
$$= 278\ kWh$$

Soit près de 4 fois moins que l'offre de chaleur par récupération des rejets thermiques.

11.4 Isolation des tubes et gaines de transport des fluides.

11.4.1 Résistance thermique d'isolant

Les conduits de transport de fluide sont le siège de déperditions thermiques qui occasionnent des gaspillages d'énergie. Pour réduire ces déperditions on a recours à **l'isolation thermique des tubes et gaines** de transport de tous ces fluides. Il en est de même pour tous les ballons de stockage de fluides thermiques. La nature et l'épaisseur de l'isolant requis est fonction des applications. La méthode de calcul de l'isolation est la même que l'on soit dans une installation de transport de fluide chaud ou de fluide froid.

En climatisation comme en chauffage central il est souvent nécessaire de transporter les fluides sur des distances relativement longues. Le transport des fluides froids occasionne des gains de chaleur entre l'air ambiant et le fluide thermique. Celui des fluides chauds occasionne des pertes de chaleur.

L'épaisseur d'isolation dépend d'un choix de l'opérateur entre diverses options.

- *La limitation des pertes de façon arbitraire en imposant une épaisseur d'isolation ;*
- *La limitation des pertes thermiques à une fraction de la puissance véhiculée ;*
- *La limitation de la température externe de l'isolant à une valeur arbitraire fixée ;*
- *La recherche de l'épaisseur économique d'isolation.*

Ce dernier cas est à prioriser par rapport aux autres. Il consiste à déterminer l'épaisseur d'isolation qui minimise les coûts totaux.

La résistance thermique entre fluide à température T_f et milieu ambiant à température T_a dans le cas d'un tube creux de section circulaire isolé contenant un fluide thermique est de :

$$R = \frac{1}{2\pi r_1 L h1} + \frac{Ln(r_2/r_1)}{2\pi \lambda L} + \frac{1}{2\pi r_2 L h2}$$

Dans cette relation

r_1 et r_2 sont les rayons interne et externe de l'isolant,

h_1 et h_2 sont les coefficient de convection interne et externe,

L est la longueur du tube de transport du fluide de conductivité thermique λ.

Quand le tube de transport est métallique, on fait l'hypothèse justifiée que le métal est tout entier à la température du fluide qu'il contient, celui-ci étant supposé être à la même température T_f sur toute la longueur L du tube.

La chaleur Q échangée avec l'extérieur est alors reliée à la variation de température entre air ambiant et fluide véhiculé et à la résistance thermique du tube par

$$T_f - T_a = R\,Q$$

Figure 11.7 Epaisseur d'isolation des tubes et gaines de transport de fluides thermiques

Exercice 11.4. Gain de chaleur par les conduits de fluides thermiques

Calculer les gains de chaleur dus aux conduits non isolés de passage de l'air conditionné destiné à la climatisation d'un local. Ces conduits sont de sections rectangulaires de 0,6 m*0,3 m avec une longueur totale équivalente de 40 m. On donne pour la tôle galvanisée non isolée le coefficient global d'échange air/air H = 4.7 W m^{-2} K^{-1}. La température de soufflage est de 15°C et la température extérieure de 38°C. La reprise se fait à 24°C à partir

d'une gaine identique non isolée. Comment varie ce gain si l'isolation réduit de moitié le coefficient global H

Réponse :

On utilise les relations proposées dans la section sur les calculs de gains calorifiques par les conduits et ventilateurs.

Conduit de soufflage

$Q = 1,1\,H\,S\,(T_{ext} - T_s)$

T_{ext} et T_s sont les températures extérieures et de soufflage

Conduit de reprise

$Q = 0,9\,H\,S\,(T_{ext} - T_{int})$

T_{int} est la température intérieure du local

La surface d'échange des deux gaines est de :

$S = L*2(l + h)$
$= 40 * 2*(0,6 + 0,3)$
$= 72\ m^2$

Le gain en chaleur sensible de la gaine de soufflage est de

$Q = 1,1\,H\,S\,\Delta T$
$= 1,1*4.7*72 * (38 - 15)$
$= 8562\ W$

Le gain de chaleur sensible de la gaine de reprise est de

Le gain en chaleur sensible de la gaine de soufflage est de

$Q = 0.9\,H\,S\,\Delta T$
$= 0.9*4.7*72 * (38 - 24)$
$= 4264\ W$

Si le coefficient global d'échange H est réduit de moitié la chaleur gagnée par les tubes sera également réduite de moitié.

12 Economies d'énergie et production de froid

12.1 Efficacité du cycle de production frigorifique

Pour économiser l'énergie en climatisation, la première idée qui vient à l'esprit est la réduction de l'énergie électrique consommée pour la production du froid. En d'autres termes cela revient à augmenter l'efficacité du cycle frigorifique ou son coefficient performance, le COP.

Pour obtenir un COP élevé il faut agir sur les trois organes principaux du cycle frigorifique que sont le compresseur, l'évaporateur et le condenseur.

Si l'on considère la figure 12.1, le calcul donne :

$$\mathbf{COP} = \frac{\mathbf{650}}{\mathbf{175}} = \mathbf{3.71}$$

Pour des besoins frigorifiques constants toute amélioration du COP conduit nécessairement à une réduction de la puissance électrique consommée.

Comme indiqué au chapitre 4 les températures d'évaporation et de condensation en particulier sont déterminantes. Un cycle frigorifique idéal doit répondre aux critères suivants :

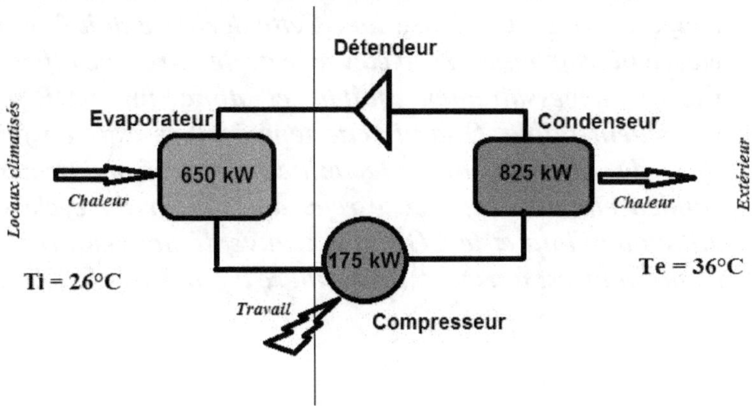

Figure 12.1 Cycle de production frigorifique pour conditionnement d'air

Un évaporateur de haute efficacité qui fonctionne à la bonne température d'évaporation c'est-à-dire une température ni trop faible ni trop élevée en relation avec la température de consigne de climatisation.

Quand la température d'évaporation est trop faible, le cycle frigorifique a une efficacité de Carnot nécessairement faible et donc un COP faible.

A température d'évaporation élevée, les transferts de chaleur entre fluide frigorigène et milieu à refroidir sont nécessairement faibles et le COP s'en trouve affecté.

Un compromis est à rechercher qui dépend de plusieurs facteurs dont la nature même du fluide frigorigène utilisé. Toute action qui peut tendre à améliorer l'échange de chaleur entre le fluide du médium à refroidir et le fluide frigorigène doit être privilégiée.

Ces actions comprennent :

- ***Une puissance de l'évaporateur convenable.***
- ***Un compresseur à bon rendement de compression. Ceci suppose qu'il soit bien choisi, avec ses deux principaux rendements isentropique et volumétrique les plus élevés possible et en rapport avec le choix des températures et pressions de condensation et d'évaporation.***
- ***Un condenseur de haute efficacité fonctionnant à la bonne température de condensation. Cette dernière doit être ni trop élevée ni trop basse. Trop élevée le cycle aura une efficacité de Carnot nécessairement faible et donc un COP effectif également faible. Quand cette température est trop faible le flux de chaleur avec le milieu de refroidissement du condenseur est limité et le rejet de chaleur du cycle vers le milieu ambiant et le COP s'en trouve de nouveau réduit. Un compromis est à trouver de manière à optimiser le COP.***

12.2 Cycle frigorifique et efficacité énergétique

Dans un cycle à compression de vapeur le fluide frigorigène subit les transformations ci-après décrites sur le diagramme H-Log P de la figure 12.2.

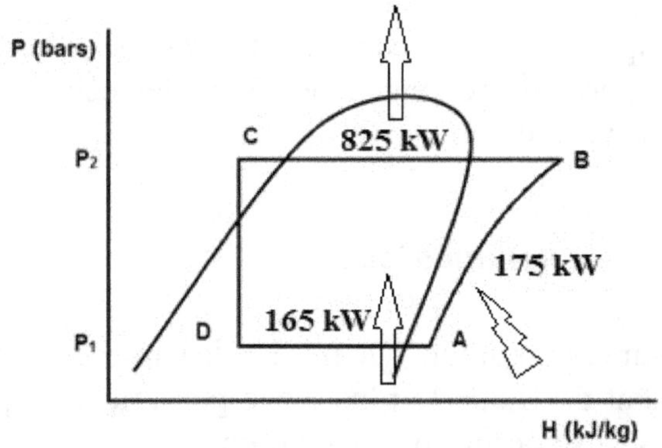

Figure 12.2 Cycle frigorifique pratique

Le cycle pratique d'une machine de production frigorifique fonctionne selon ce procédé. Le liquide est légèrement sous refroidi à la sortie du condenseur et la vapeur saturante sèche est surchauffée à la sortie de l'évaporateur.

Le COP de la machine correspondante est de 3.71

Le COP maximal théorique ou COP de Carnot est comme indiqué au chapitre 2

$$\mathbf{COP_{max}} = \frac{(26+273)}{(36-26)}$$

$$= \mathbf{30}$$

L'écart avec l'efficacité réelle est donc élevé.

12.2.1 Le compresseur

Il existe grossièrement trois sortes de compresseurs qui sont :

- *Les compresseurs alternatifs,*

- *Les compresseurs à vis,*
- *Les compresseurs centrifuges.*

Leurs rendements et puissances sont dans l'ordre croissant : compresseur alternatif, compresseur à vis et compresseur centrifuge.

Un compresseur se caractérise par ses rendements qui déterminent sa performance en rapport avec les économies d'énergie. Ils sont au nombre de deux :

12.2.2 Rendement volumétrique

Le rendement volumétrique mesure la capacité du compresseur à procurer un débit de fluide le plus élevé possible en rapport avec ses caractéristiques. Il se définit par la relation

$$\eta_v = \frac{q_m}{\rho V}$$

Où q_m est le débit massique effectif aspiré par le compresseur,
ρ est la masse volumique du fluide à l'aspiration du compresseur,
V est la cylindrée par seconde (volume balayé par unité de temps ici).

En climatisation le rendement volumétrique d'un compresseur est estimé à 0,65 à 0,85 [11]. Il dépend fortement du taux de compression défini comme le rapport des pressions d'aspiration et de refoulement, et de la nature même du compresseur.

12.2.3 Rendement isentropique

Il est défini par la relation

$$\eta_i = \frac{\Delta h_{is}}{\Delta h_{réel}}$$

$\Delta h_{réel}$ et la variation d'enthalpie effective, observée entre l'entrée et la sortie du compresseur

Δh_{is} est la variation d'enthalpie pour une compression idéale isentropique

Sur la figure 12.3 ce rendement correspond à

$$\eta_i = \frac{\Delta \mathbf{h_{12}}}{\Delta \mathbf{h_{14}}}$$

Dans une transformation adiabatique irréversible (1-4) le travail de compression est beaucoup plus important que dans les autres cas.

Les valeurs usuelles de rendements isentropiques vont de 0,4 à 0,5 pour les petits compresseurs hermétiques, de 0,5 à 0,7 pour les compresseurs semi-hermétiques et de 0,5 à 0,8 pour les gros compresseurs ouverts [11].

Le rendement global du compresseur est le produit des deux rendements

$$\eta = \eta_v \; \eta_i$$

On caractérise également un compresseur par son coefficient de pertes thermiques f_Q lors de compressions irréversibles non adiabatiques : branche (1-3) de la figure 12.3.

Cette perte thermique f_Q provoquée ou pas, réduit la température et l'enthalpie de fin de compression non adiabatique (1-4) conduisant à un travail de compression plus faible. Pour les petits compresseurs hermétiques domestiques cette réduction peut atteindre 15%. Pour les compresseurs semi-hermétiques il est typiquement compris entre 10 et 25 %. Pour les gros compresseurs il varie de 5 à 10% (Source Cool Pack).

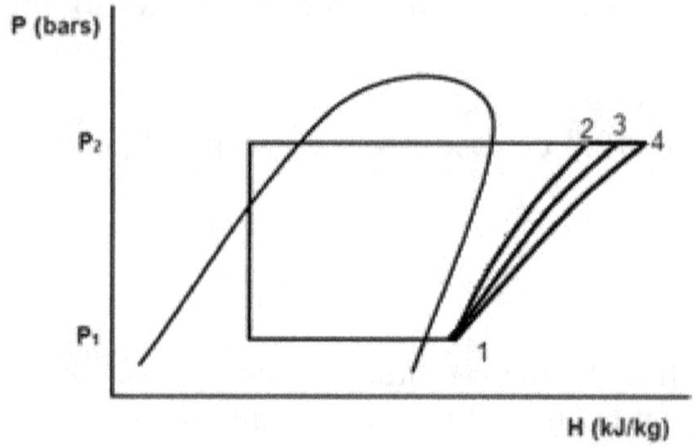

Figure 12.3 Transformation isentropique (1-2), adiabatique irréversible (1-4), irréversible non adiabatique ou effectif (1-3)

On constate qu'un compresseur bien ventilé aboutira à une compression (1-3) au lieu de (1-4), les deux transformations étant différentes de la transformation isentropique idéale (1-2). On constate que le travail de compression est ainsi réduit conduisant ainsi à une économie substantielle d'énergie.

12.3 Echangeurs thermiques : Condenseur, évaporateur

L'influence des températures (ou de la pression) d'évaporation et de condensation sur l'efficacité ou le COP de l'installation sera traitée sous la forme d'applications pratiques. Le fluide choisi est le R134a qui est un HFC.

Un évaporateur ou un condenseur encrassé ou peu performant aura une résistance thermique additionnelle sur sa surface d'échange conduisant à un coefficient d'échange thermique global plus faible. Une des conséquences sur l'évaporateur sera un mauvais échange thermique avec l'air ou l'eau à refroidir avec les mêmes effets que si la puissance thermique de l'évaporateur était insuffisante pour transférer toute la puissance frigorifique générée.

Sur un condenseur le résultat sera le même sur les performances de l'échange thermique. Un mauvais choix des échangeurs frigorifiques avec une puissance thermique échangée inférieure à celle escomptée a les mêmes effets que lorsque ces échangeurs sont encrassés ou pas performants. Le résultat est une baisse inattendue de la pression et de la température d'évaporation à l'évaporateur ou une élévation de la température et de la pression de condensation au condenseur.

Dans les deux exemples, à débit de fluide frigorigène identique on assiste à une croissance de l'écart moyen de température ΔTLM des échangeurs. Le COP qui suit la loi de variation de l'efficacité de Carnot avec les températures diminue, ce qui conduit à une surconsommation énergétique. C'est ce qui est illustré par la série de calcul qui suit.

Figure 12.4 Une mauvaise installation de climatisation peut conduire à une surconsommation énergétique.

On considère le cycle de conditionnement d'air fonctionnant au R134a avec les températures d'évaporation et de condensation suivantes utilisées en climatisation dans une salle.

Température à l'évaporateur T_e = -10 °C

Température au condenseur T_c = 45°C

La surchauffe et le sous-refroidissement sont de 5°C

Pour un milieu ambiant de refroidissement du condenseur à 35°C et une température de climatisation de la salle de 24.C.

Dans cette installation à détente directe l'air est directement refroidi par l'évaporateur. Le cycle correspondant est donné sur le diagramme ci-dessous pour une puissance frigorifique estimée à 60 kW.

Pour les besoins de comparaisons des différentes options on considérera parfois le débit de fluide frigorigène de l'ordre de 0.43 kg/s identique pour deux options en lieu et place de la puissance frigorifique à satisfaire. Le rendement isentropique du compresseur est estimé à 80%

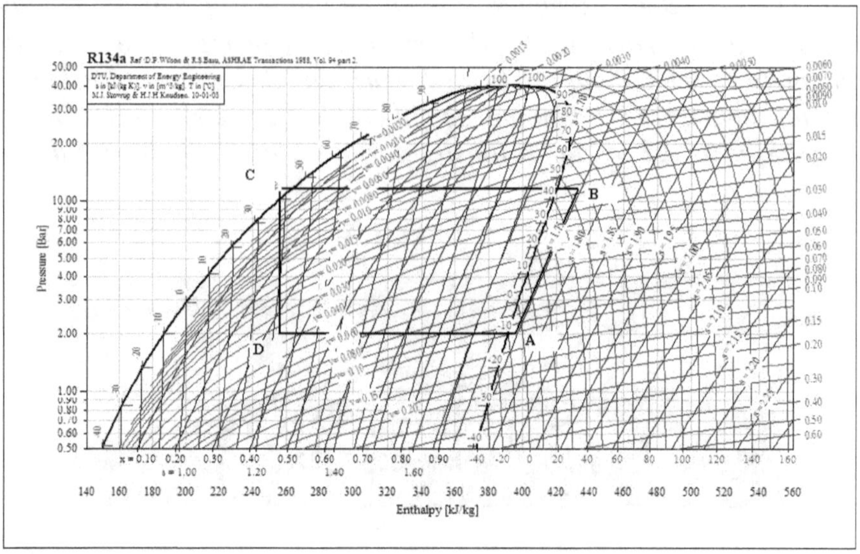

Figure 12.5 Cycle frigorifique en diagramme H-Log P du Fréon 134a

Résultats du calcul des caractéristiques de l'installation :

Pour une puissance frigorifique de 60 kW le débit de fluide est de 0.43 kg/s,

En considérant un rendement isentropique de 0.8 et des pertes thermiques du compresseur négligeable on arrive aux résultats suivants à partir du diagramme h-Log P

$h_A = h_D = 257$ kJ kg^{-1} $h_A = 396$ kJ kg^{-1} et $h_B = 442$ kJ kg^{-1}

Puissance du compresseur : 20.07 kW

Le COP est de 2.99

Exercice 12.1. Evaluation des économies d'énergie par installation de compresseur plus efficace

L'exemple précédent et le cycle correspondant de la figure 12.5 est utilisé pour conditionner l'air du même local. Pour améliorer le fonctionnement de l'installation et pour faire des économies d'énergie on se propose de remplacer le compresseur par un compresseur plus récent dont le rendement isentropique peut atteindre 0.90. Quelle économie peut-on espérer ?

Réponse

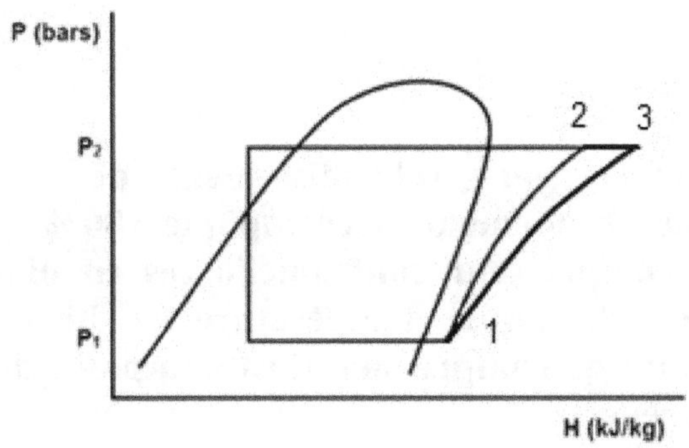

Figure 12.6 Transformations non isentropiques 1-2 et 1-3.

On trouve à partir du diagramme de la figure 12.5 et de la relation :

$(h_B - h_A)/(h_{B'} - h_A) = 0.9$

$h_A = h_D = 257\ kJ\ kg^{-1}$; $h_A = 396\ kJ\ kg^{-1}$ et $h_{B'} = 437\ kJ.\ kg^{-1}$

Le COP de l'installation calculé sur le diagramme du Fréon 134a donne 3.36 à comparer à 2.99 quand le rendement isentropique est de 80%.

La puissance de compression à débit égal vaut

$$P_c = \frac{\mathbf{P_f}}{\mathbf{cop}}$$

Pc vaut 20 kW dans le premier cas et 17.85 kW dans ce cas-ci

La variation de la puissance de compression montre que le système fonctionne avec une amélioration de son efficacité de 12.5 % soit une économie de 12.5 % de l'énergie absorbée à puissance frigorifique égale.

Exercice 12. 2. Evaluation des économies d'énergie par installation de compresseur bien ventilé

On considère de nouveau le cycle au R134a avec les caractéristiques suivantes :
Te = -10 °C
Tc = 45°C

Surchauffe et sous refroidissement de 5°C avec un compresseur de rendement isentropique 80%. Les pertes thermiques du compresseur sont améliorées en plaçant celui-ci dans un espace de faible température et bien ventilé. La température de fin de compression du fréon passe de 63.5 à 59.5 soit 4°C de différence.

Quelle économie d'énergie est faite dans ce cas.

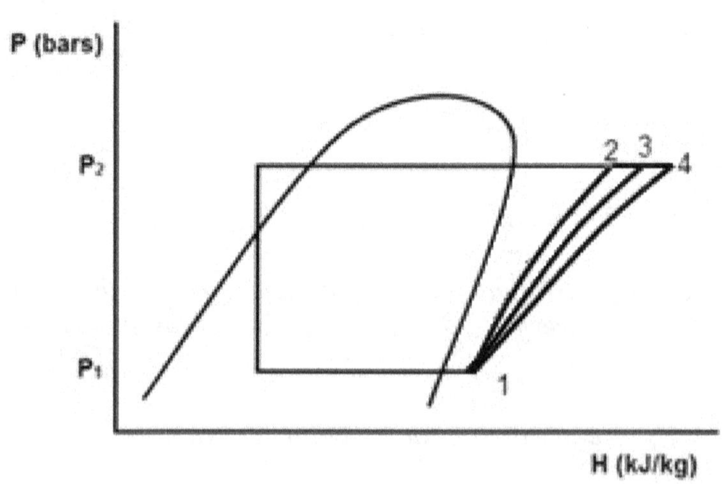

Figure 12.7 Transformations isentropique (1-2) ; adiabatique irréversible (1-4) non adiabatique irréversible ou bien ventilé (1-3)

Réponse

Les pertes thermiques d'un compresseur réduisent le travail de compression. En toute rigueur la meilleure situation pour minimiser le travail de compression serait la compression isotherme impossible dans un processus aussi rapide. Théoriquement on assimile la transformation à une compression adiabatique ce qui est loin d'être le cas. C'est dans tous les cas pénalisant de réaliser une compression adiabatique. Comme on peut le voir sur la figure ci-dessus (compression adiabatique irréversible 1-4). Un compresseur bien ventilé effectuera une transformation polytropique intermédiaire 1-3.

Dans le cas de cet exercice la connaissance des températures de fin de compression dans les deux cas donne les enthalpies de fin de compression sur le diagramme.

Celles-ci valent avec les notations de la figure 12.7 :

$h_4 = h_B = 442\ kJ\,\mathrm{kg}^{-1}$ et $h_3 = h_{B'} = 438\ kJ\,\mathrm{kg}^{-1}$

ce qui conduit aux résultats

COP = 3.34 au lieu de 2,99

On en déduit une amélioration du fonctionnement de 11% et une économie à puissance frigorifique égale de 11 %.

12.4 Condensation et économies d'énergie

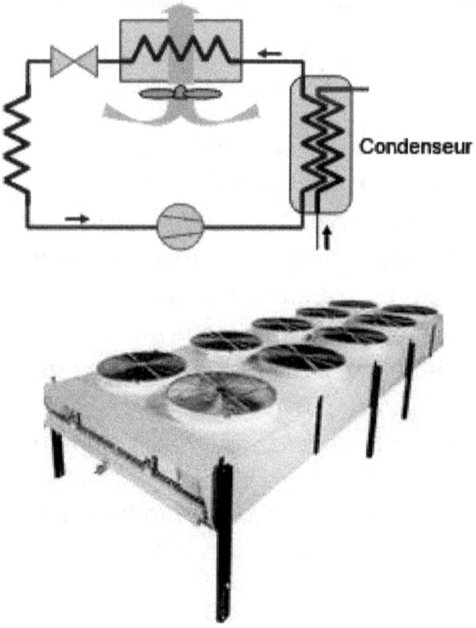

Photo 12.8 Condenseur refroidi à l'eau ou à l'air.

Plusieurs dysfonctionnements peuvent être à la base d'une mauvaise condensation :

- *Un condenseur encrassé ou sale et dont la conductance UA est réduite.*
- *Une température du medium de refroidissement trop élevée*
- *Un condenseur trop petit*
- *Un condenseur mal ventilé ou arrosé par son fluide de refroidissement.*

Dans tous ces cas la température de condensation aura tendance à s'élever pour compenser le déficit de puissance à évacuer.

La chaleur échangée au condenseur vaut

Q = U S ΔTLM.

Où le produit US (coefficient global d'échange par surface d'échange) représente la conductance de l'échangeur.

Tous les dysfonctionnements mentionnés correspondent à un déficit de la conductance US de l'évaporateur. Pour évacuer la même quantité de chaleur la régulation du système aura tendance à augmenter l'écart de température moyen ΔTLM, c'est-à-dire à relever la température de condensation.

Dans la simulation qui suit on suppose que la température de condensation augmente de 5°C comme suite à une ambiance de refroidissement du condenseur trop chaude.

Toute chose égale par ailleurs on arrive au schéma de fonctionnement donné par la figure 10.9.

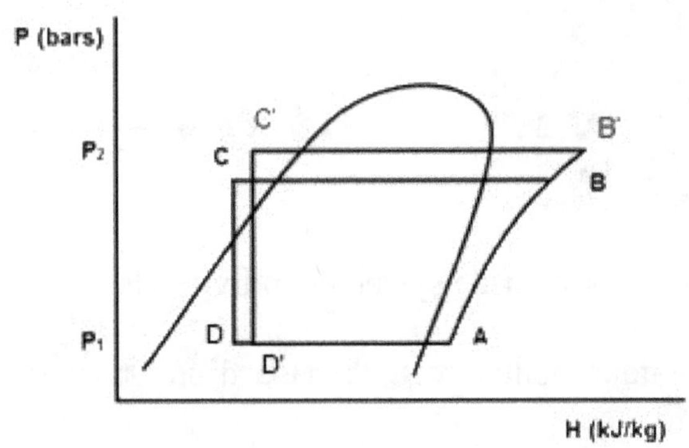

Figure 12.9 Cycle AB'C'D' obtenu après augmentation de la température de condensation

Pour une puissance frigorifique restant sensiblement constante égale à 60 kW (en fait le débit massique reste le même c'est-à-dire 0.43 kg/s (voir chapitre 4.3) les nouvelles caractéristiques de fonctionnement du système sont :

$T_{cond} = 50°C \quad h_{B'} = 446 \text{ kJ kg}^{-1} \quad h_C = 264 \text{ kJ kg}^{-1} \quad T_{B'} = 69°C$

Le COP est de 2.63 au lieu de 2.99 suite à la remontée de la température d'évaporation.

La puissance de compression déployée est de 21.5 au lieu de 20.07 kW.

L'efficacité du système aura diminué de 12 %. On voit l'importance de placer les condenseurs des installations de production de froid dans des espaces bien ventilés et protégés de la chaleur.

Corrélativement un système de production frigorifique dont la température passera de 50°C à 45°C à l'inverse de la simulation faite ci-dessous économisera une énergie de 12 %. C'est particulièrement vrai pour les réfrigérateurs domestiques souvent placés dans les ambiances surchauffées des cuisines en Afrique.

12.5 Economie d'énergie à l'évaporation

Photo 12.1 Evaporateur de systèmes individuels de climatisation

Un évaporateur peut être à la base d'une mauvaise efficacité frigorifique de diverses façons :

- *La température de consigne de climatisation est trop basse et donc l'évaporation sera faite à une température anormalement basse.*
- *L'évaporateur est trop petit et donc peu performant.*
- *Le transfert de chaleur est insuffisant entre fluide frigorigène et milieu à refroidir soit à cause d'une mauvaise ventilation, soit à cause de la surface d'échange encrassée ou toute autre raison.*

Comme dans le cas du condenseur la régulation du système aura tendance à abaisser la température d'évaporation pour compenser le déficit due à la mauvaise performance de l'évaporateur. La chaleur échangée à l'évaporateur vaut en effet :

$Q = U\ S\ \Delta TLM$.

Un abaissement de la conductance US se traduira par une élévation de l'écart moyen de température ΔTLM à puissance frigorifique Q égale.

Dans la simulation qui suit on suppose que la température de consigne de climatisation d'un local a été relevée et que la température d'évaporation a été également relevée. L'évaporation est faite maintenant à - 10°C au lieu de -15°C (figure 12.10). On en déduit les économies d'énergie comme suit, à puissance frigorifique constante (débit de fluide 0.43 kg/s).

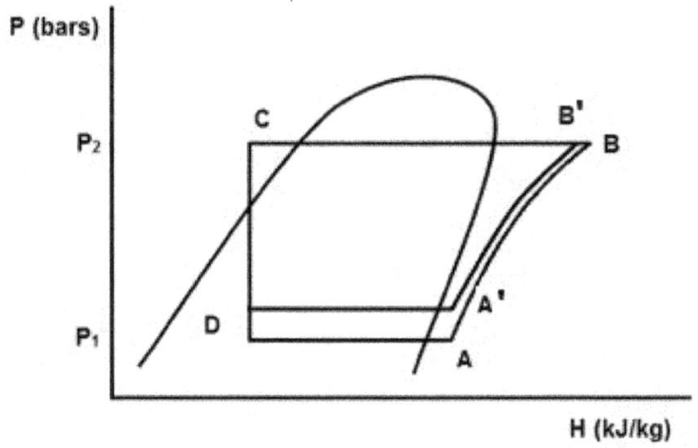

Figure 12.10 Cycle après augmentation de la température d'évaporation

Pour un même débit 0.43 kg/s les caractéristiques de fonctionnement du système sont maintenant de :

- **T_{ev} = -10°C**
- **h_A = 393 kJ kg^{-1}**
- **h_B = 445 kJ/kg^{-1}**

Le COP passe de 2.62 à 2.99. On enregistre une amélioration du fonctionnement de l'installation de 12 % soit toute chose égale part ailleurs une économie d'énergie de 12 %.

13 Organes annexes des installations de climatisation

13.1 Les moteurs électriques

Les moteurs électriques sont utilisés dans les bâtiments climatisés à plusieurs niveaux. Ils actionnent les ventilateurs et pompes dans :

- ***les centrales de traitement de l'air, des tours d'eau, des condenseurs à air, des extracteurs d'air, des ventilo-convecteurs ;***
- ***les pompes de circulation d'eau glacée, d'eau de refroidissement des condenseurs, d'eau chaude sanitaire.***

On les trouve aussi dans diverses applications électriques de l'habitat tels que les ascenseurs les, compresseurs d'air etc.

Ils ont un rendement variable qui peut aller de 80% à 98 %. Les moteurs à courant continu sont utilisés partout où la précision est requise et en général pour les petites puissances. Les moteurs synchrones sont utilisés pour les très grosses puissances. Les plus répandus sont les moteurs asynchrones. Leur entretien est dans tous les cas nécessaire. Ils sont source de gaspillage d'énergie qui peut être réduit au strict minimum.

De nos jours il existe des **moteurs à très haut rendement** qui permettent de gagner quelques pourcentages de rendement en comparaison des anciens moteurs. Les rendements des moteurs sont en général indiqués sur la plaque signalétique de ceux-ci et facilitent les calculs d'économie d'énergie. On peut également mesurer les puissances électriques appelées par les moteurs en fonctionnement pour les comparer à la puissance mécanique fournie en aval.

Un moteur électrique vu sous l'angle énergétique consomme un courant électrique pour le transformer en énergie mécanique selon la figure 13.1

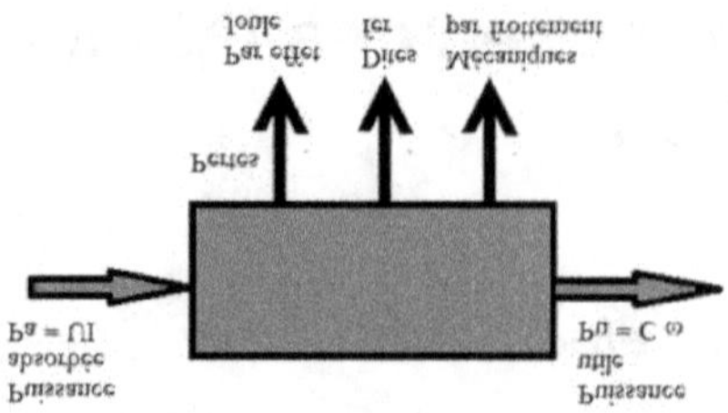

Figure 13.1 Pertes d'énergie d'un moteur électrique

Le rendement du moteur électrique est obtenu par les relations établies dans la première partie de cet ouvrage :

$$\eta = \frac{P_u}{P_a \cos\varphi}$$

$$= 1 - \frac{\text{Pertes}}{P_a \cos\varphi}$$

Plus les pertes sont faibles et mieux est le rendement du moteur électrique.

L'ensemble de ces pertes est variable de 2 à 20 % selon la nature, l'ancienneté, la vieillesse du moteur. Il n'est pas possible d'agir sur le moteur directement pour les réduire. La seule alternative pour économiser l'énergie est de les connaître par la mesure du rendement du moteur et d'envisager le changement du moteur en relation avec la rentabilité économique d'une telle opération.

Un moteur électrique a une courbe caractéristique de fonctionnement en fonction de la charge telle que donnée par la figure 13.2

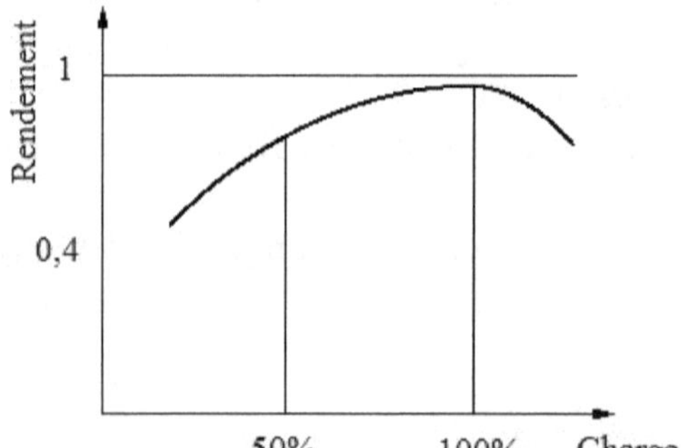

Figure 13.2 Variation du rendement d'un moteur électrique avec la charge

Suivant la charge le rendement du moteur est variable de 0% à la valeur nominale décrite ci-dessus. Lorsque le moteur fonctionne à une charge partielle les pertes sont élevées.

Le tableau 13.1 donne pour certains types de moteur les pertes.

Rapport de charge (kW / kW nominal)	Puissance nominale du moteur en kW							
	25	50	100	150	250	500	1000	1500
0.10	0.728	0.812	0.864	0.899	0.923	0.940	0.953	0.963
0.15	0.757	0.836	0.884	0.915	0.936	0.951	0.962	0.970
0.20	0.782	0.856	0.900	0.928	0.947	0.960	0.969	0.976
0.25	0.794	0.866	0.908	0.934	0.952	0.964	0.973	0.979
0.30	0.808	0.878	0.917	0.942	0.958	0.969	0.977	0.982
0.35	0.826	0.891	0.928	0.950	0.964	0.974	0.981	0.985
0.40	0.841	0.903	0.937	0.957	0.970	0.978	0.984	0.988
0.45	0.849	0.909	0.941	0.960	0.973	0.980	0.986	0.990
0.50	0.970	0.976	0.981	0.984	0.986	0.989	0.991	0.992
0.55	0.976	0.981	0.985	0.987	0.989	0.991	0.993	0.994
0.60	0.980	0.985	0.988	0.990	0.991	0.993	0.995	0.995
0.65	0.984	0.988	0.990	0.992	0.993	0.995	0.996	1.000
0.70	0.987	0.990	0.992	0.993	0.995	0.996	1.000	1.000
0.75	0.989	0.992	0.994	0.995	0.996	1.000	1.000	1.000
0.80	0.991	0.993	0.995	0.996	1.000	1.000	1.000	1.000
0.85	0.992	0.994	0.996	1.000	1.000	1.000	1.000	1.000
0.90	0.993	1.000	1.000	1.000	1.000	1.000	1.000	1.000
0.95	0.995	1.000	1.000	1.000	1.000	1.000	1.000	1.000
1.00	1.000	1.000	1.000	1.000	1.000	1.000	1.000	1.000

Tableau 13.1 Facteur de correction de l'efficacité d'un moteur à induction à charge partielle Source : Fiches IEPF

13.2 Moteur électrique et bobinage

Une autre source de réduction de rendement des moteurs est le ré-bobinage. Dans la pratique lorsqu'un moteur est en panne, celle-ci provient dans 90 % des cas d'une panne dans le bobinage. Celui-ci peut dans ce cas être refait par un spécialiste. Quel que soit le soin apporté à l'opération le moteur perd toujours en rendement. Pour retirer les fils des enroulements, le moteur doit être chauffé. Il est ensuite ré-bobiné. Le circuit magnétique perd ainsi ses caractéristiques initiales. Les pertes de points de rendement par ré-bobinage **peuvent aller jusqu'à 5.** Il est donc nécessaire de vérifier lequel du ré-bobinage ou du changement intégral de moteur est le plus avantageux en termes de consommation énergétique tenant compte des durées de vie respectives.

Une dernière source de pertes énergétiques à mentionner dans cette section est la perte par **transmission par courroie**. Lorsqu'un moteur électrique utilise une courroie de transmission comme dans le cas des ventilateurs de CTA par exemple, cette courroie est également la source de déperdition énergétique. Les courroies ont le plus souvent un taux de glissement qui fait que toute l'énergie du moteur n'est pas intégralement transmise à l'utilisation en aval. Le taux de perte dépend des styles de courroie et est donné par les catalogues de fabricants.

Exercice 13.1. Economies d'énergies dans les moteurs électriques

On considère un petit moteur électrique monophasé de puissance 2,2 kW et de rendement 80 %. Après quelques années de fonctionnement ce moteur en panne doit être remplacé ou re-bobiné. On sait qu'un premier bobinage de ce moteur diminue son rendement de 2.5 unités de rendement.

Le moteur de 2.2 kW neuf coûte 250 000 F et le bobinage coûte 1/3 du prix du neuf. Le coût moyen du kWh électrique est de 115 F.

Le moteur neuf comme le moteur re-bobiné durera 3 ans pour un fonctionnement annuel de 6000 heures. Sur la base de considérations uniquement économiques, quelle solution préconiseriez-vous ?

Réponse :

L'énergie mécanique totale fournie sur la durée de vie moyenne de chaque moteur est

$$E_m = 2.2*6000*3 = 39\,600 \text{ kWh}$$

<u>Moteur neuf de rendement 80 %</u>

Energie électrique consommée sur la durée de vie

$$E_e = \frac{E_m}{0,8}$$

$$= 49\ 500\ kWh$$

Coût total sur la base de 250 000 F d'investissement et 115 F le kWh d'énergie électrique consommée

$$C = 250\ 000 + 49\ 500 * 115$$
$$= 5\ 942\ 500\ F$$

<u>Moteur re-bobiné de rendement 77.5 %</u>

Energie électrique consommée sur la durée de vie

$$E_e = \frac{E_m}{0,775}$$
$$= 51\ 097\ kWh$$

Coût total sur la base de 83 333 F d'investissement et 115 F le kWh d'énergie électrique consommée

$$C = 83\ 333 + 51\ 097 * 115$$
$$= 5\ 959\ 462\ F$$

On constate que les dépenses totales sont comparables avec un double avantage pour le moteur neuf :

- *Sa durée de vie sera certainement plus longue*
- *L'énergie totale consommée est plus faible en rapport avec la réduction des émissions de gaz à effet de serre et la préservation de l'environnement*

13.3 Câbles de transport du courant électrique

Les câbles de transport d'électricité sont le siège de **déperdition de l'énergie par effet Joule**. Un câble de 50 m de longueur utilisé pour transporter un courant électrique d'intensité 15 A, sachant que la résistivité du câble est de 0,7 Ω/m, dissipe une puissance par effet joule de 7,9 kW. Ce résultat découle de la loi :

$$P = R I^2$$

Les pertes dépendent du niveau de puissance électrique à véhiculer, de la distance à parcourir et de la nature même des câbles de transport du courant électrique.

Si au lieu d'un câble donné il est possible de choisir un câble de section plus forte ou meilleur conducteur avec une résistivité moindre pour la même intensité de courant à transporter, la puissance dissipée sera réduite. Le calcul des câbles électriques doit également faire l'objet de **considération technico-économique** au même titre que celui des tubes de transport de fluides thermiques, en respectant la réglementation. On considère en général une chute de tension dans le câble ΔU/U qui n'excède pas le plus souvent 5%.

Pour un câble donné, en réduisant la puissance en aval de manière à ramener l'intensité qui transite par le câble à une valeur plus faible, on réduit aussi la puissance dissipée par le câble. Ce type de calcul d'énergie doit être considéré chaque fois que les puissances ou les intensités mises en jeu sont élevées et les distances de transport électriques fortes (de l'ordre de grandeur de la centaine de mètres).

Comme dans le cas de l'hydraulique l'écoulement du courant provoque une dégradation de l'énergie. Cette dégradation est exprimée par la loi donnant la puissance perdue

$$P_d = R I^2$$
$$= U^2 / R$$

Une des particularités de l'électricité et du courant alternatif est la puissance réactive des appareils utilisés. On peut non seulement réduire la puissance active des appareils - c'est-à-dire les besoins - pour réduire le courant qui transite dans les câbles mais aussi réduire la puissance réactive sans affecter leurs fonctionnements. La conséquence de cette réduction est une réduction du courant électrique et des pertes en ligne. Pour bon nombre d'appareils comme les moteurs électriques, pour disposer de la puissance active recherchée il faut générer une certaine quantité de puissance réactive nécessaire à l'appareil pour son fonctionnement. L'énergie correspondante n'est pas utilisée ou est peu utilisée mais est plutôt stockée et restituée au circuit.

La somme de la puissance active (la demande en énergie) et de la puissance réactive (l'énergie nécessaire à mettre en œuvre pour disposer de l'énergie active) est la puissance apparente S. On pose

$$\mathbf{S = U\ I}$$

$$\mathbf{P_r = U\ I\ \sin\varphi}$$

$$\mathbf{P_a = U\ I\ \cos\varphi}$$

On peut poser

$$\mathbf{I = \frac{P_a}{U\ \cos\varphi}}$$

La puissance perdue par effet joule dans les lignes de transport du courant vers l'utilisation

$$\mathbf{P_d = R\ I^2}$$

$$= \frac{R\ P_a^2}{U^2 \cos^2\varphi}$$

Dans cette équation R est la résistance totale du câble. On constate que la puissance dissipée dans les câbles P_d dépend de la puissance active P_a, de la résistance R du câble, de la tension U et du facteur de qualité cos φ.

Ce dernier paramètre est celui sur lequel on peut agir quand l'installation est réalisée et en fonctionnement. Les pertes varient comme l'inverse du carré du facteur de puissance. Quand le facteur de puissance est réduit de moitié les pertes dans les câbles sont multipliées par quatre (Voir figure 13.3).

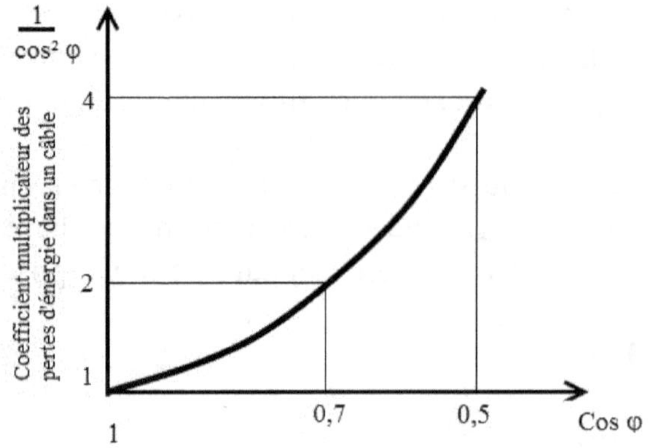

Figure 13.3 Variation des pertes dans les câbles avec le facteur de puissance.

NB : la résistance R peut être exprimée sous la forme

R = r L

Où r est la résistance linéique en Ω/m et L la longueur du câble électrique exprimée en m (voir tableau 13.2).

Section (mm^2)	35	50	95	150
r aluminium (Ω/km)	0.97	0.72	0.36	0.23
r cuivre (Ω/km)	0.81	0.59	0.42	0.22

Tableau 13.2 Résistance linéique des câbles (source EDF Direction de la distribution)

Indépendamment de la réduction de puissance utile à l'aval, une mesure d'économie d'énergie en rapport avec le transport du courant dans les bâtiments consiste à **relever le facteur de puissance** des installations par une compensation du facteur de puissance en installant des condensateurs.

Le tableau ci-dessous donne des ordres de grandeurs de facteurs de puissance d'appareils divers utilisés dans le bâtiment

Appareils	Cos φ
Moteur asynchrone selon charge 0%	0.17
	0.55
25%	0.73
50%	0.8
75%	0.85
100%	
Lampes à incandescence	1
Lampes fluorescentes non compensée	0.5
Lampes à décharge non compensée	0.4 à 0.6
Fours à résistance	1
Fours à induction non compensé	0.85

Tableau 13.3 Facteur de puissance de quelques appareils courants.
Source Doc EDF, direction de la distribution

Exercice 13.2. Câbles de transport du courant électrique

Calcul des pertes mensuelles d'un câble en aluminium de 35 mm² de diamètre et de 150 m de long. La puissance active demandée en bout de câble est de 65 kW sous 380 V avec un cos φ = 0.75. Evaluer les économies sur les pertes de transport si le facteur de puissance est ramené à 0.85. On retiendra un fonctionnement de 8h par jour ouvrables du mois soit 200 heures environ.

Réponse :

On pose

$$P_d = \frac{R\,P_a^2}{U^2\,\cos\varphi^{\,2}}$$

$$= 7\,568\ W$$

L'énergie dissipée par mois vaut alors

$$E = P_d * temps$$

$$= 1514\ kWh$$

Pour un facteur de puissance de 0.85 cette énergie devient

E' = 1178 kW, soit une économie de 336 kWh par mois de fonctionnement

13.4 Les tours d'eau

En climatisation centrale, souvent la puissance installée nécessite un refroidissement du condenseur par un circuit d'eau en boucle fermée pour arriver à évacuer les grandes quantités de chaleur produites. Plusieurs solutions peuvent être envisagées pour maintenir l'eau de refroidissement à température constante en régime permanent :

La solution la plus utilisée surtout dans les pays chauds et secs est la tour d'eau de refroidissement. Les tours d'eau permettent de réduire la surface nécessaire pour refroidir l'eau des condenseurs à l'air libre tout en augmentant le transfert de chaleur vers l'atmosphère.

Les tours à convection forcée nécessitent un ventilateur de circulation pour mettre l'air en mouvement. Celui-ci est soufflé de bas en haut à contre-courant de l'eau à refroidir tombant par gravité. L'évaporation de l'eau dans l'air provoque son refroidissement.

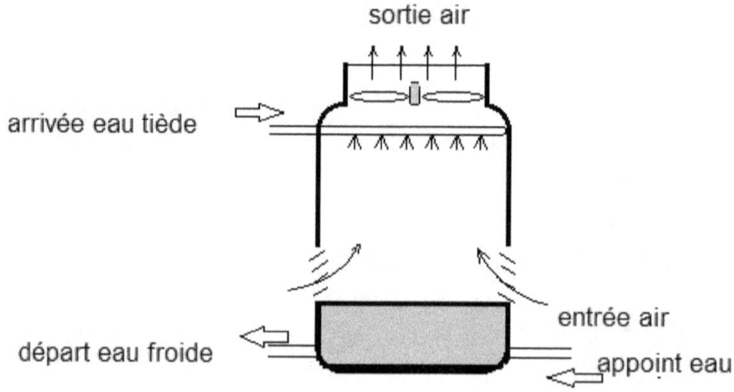

Figure 13.4 Principe de fonctionnement d'une tour d'eau

Les tours d'eau nécessitent toujours un appoint d'eau important. Les économies à réaliser concernent surtout cette eau. Il faut bien réaliser que la tour n'est vraiment efficace que dans **une atmosphère ou l'air est relativement sec**. Plus l'air a une forte capacité évaporatoire et plus le refroidissement est important. Dans un climat saturé tel que celui de certaines villes côtières il n'y a aucun refroidissement possible par évaporation dans l'air. **Le refroidissement par évaporation est intéressant dans les climats secs ou l'eau est malheureusement rare et donc chère.**

Les économies d'énergie doivent aussi être vues sous l'angle des niveaux de température relativement réduits qu'on peut atteindre au niveau de l'eau de refroidissement du condenseur. Dans une atmosphère à 35°C par exemple il n'est pas possible d'avoir un refroidissement du condenseur inférieur ou même égal à cette valeur limite. Par utilisation d'une tour de refroidissement on peut ramener cette limite à une valeur proche de la température de bulbe humide de l'air ambiant. Un air à 35°C et 40% d'humidité a une température de bulbe humide de 24°C. En réduisant la température du medium de refroidissement de 10°C on peut aussi bien réduire la température de condensation de 10°C. On améliore ainsi le COP du cycle frigorifique conduisant ainsi à une économie d'énergie élevée.

Les économies réalisables en rapport avec une tour d'eau sont donc en rapport avec :

- *le niveau de température de refroidissement du condenseur*
- *la puissance et l'efficacité du ventilateur*
- *les quantités d'eau utilisées.*

Exercice 13.3. Tours d'eau et économies d'eau et d'énergie

Un condenseur doit être refroidi avec de l'eau à 30°C. L'eau de refroidissement quitte le condenseur à 40°C avec un débit de 30 m^3/h. Cette eau est à son tour refroidie par une tour d'eau à partir de l'air pris dans les conditions d'humidité et de température (e =

40% ; t =35°C). L'air est rejeté de la tour à 30°C et 70% d'humidité. Déterminer la puissance à évacuer, le débit d'air nécessaire à ce refroidissement ainsi que l'appoint d'eau nécessaire à la tour. On donne pour l'eau ρ = 1000 kg m^{-3} et c = 4180 J kg^{-1} K^{-1}. La chaleur latente de l'eau L = 2500 kJ/kg

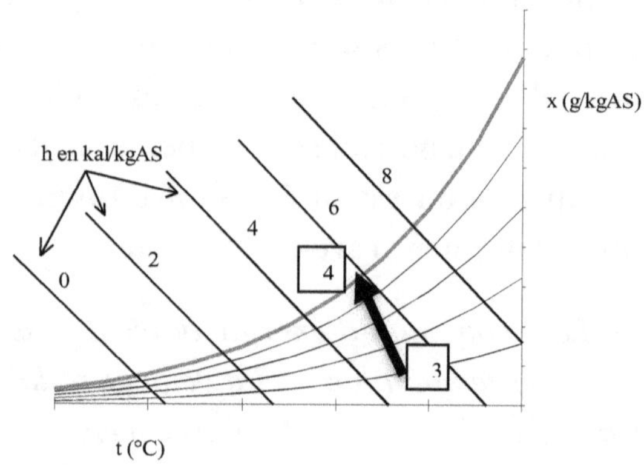

Figure 13.5 Evolution de l'air dans une tour de refroidissement 3→4

Réponse :

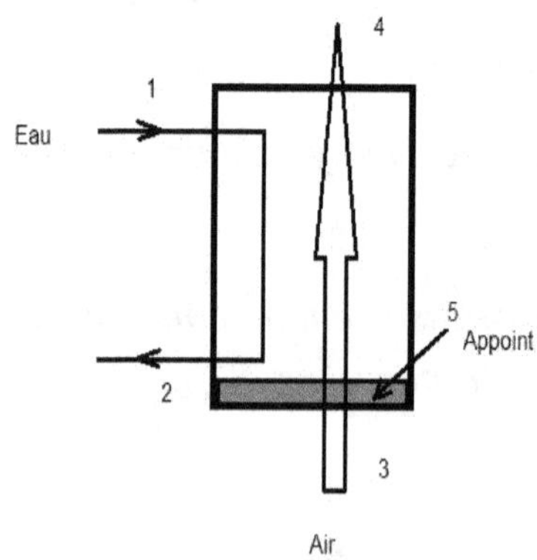

Figure 13.6 Schéma synoptique d'une tour d'eau et de la circulation des fluides

On adoptera les notations de la figure 13.6 pour les fluides de la tour d'eau

La puissance du condenseur vaut

$P = q_v \rho c (T_1 - T_2)$

Ou q_v et le débit volumique d'eau du condenseur, ρ la masse volumique de l'eau et c sa chaleur spécifique.

$P \approx 350\ kW$

Pour déterminer la quantité d'eau d'appoint et le débit d'air il faut faire les bilans matière et bilan énergie de la tour avec la signification suivante pour les divers paramètres.

m pour les débits, x pour les humidités absolues, h pour les enthalpies, l'indice a réfère à l'air sec, 1 et 2 à l'eau du condenseur à l'entrée et à la sortie de la tour, 3 et 4 à l'air et 5 à l'appoint d'eau à 35°C.

Bilan eau :

$m_1 + m_a x_3 + m_5 = m_2 + m_a x_4$

Bilan énergie :

$m_1 h_1 + m_a h_3 + m_5 h_5 = m_2 h_2 + m_a h_4$

Avec h_5 tenant compte de la chaleur sensible et latente apportée par l'eau d'appoint.

Les inconnues sont m_5 pour l'appoint et m_a pour le débit d'air sec

Pour la suite on pose $m = m_1 = m_2$ égal au débit d'eau du condenseur.

On en déduit

$m_5 = m_a (x_4 - x_3)$

$m (h_1 - h_2) + m_a (h_3 - h_4) + m_5 \Delta h_5 = 0$

Δh_5 est la variation d'enthalpie de l'eau d'appoint qui s'évapore.

On en déduit la masse d'air sec

$m_a \quad = m (h_1 - h_2) \ / \ (h_4 - h_3 + \Delta h_5 (x_4 - x_3)$

avec les enthalpies de l'eau $h_1 = 167{,}2$; $h_2 = 125{,}4$; $\Delta h_5 = 2520.9$ *et celles de l'air* $h_3 = 71.2$; $h_4 = 85.3$ *kJ/kg et* $x_3 = 0.0141$; $x_4 = 0.0216$ *kg/kgAS on obtient*

$m_a \quad = 10.6 \ kgAS \ s^{-1}$

$q_v \quad = m_a / v_a$ *est le débit d'air de volume massique* υ_a

$q= \quad = 10.6/0.893*3600$

$= 42\,600 \ m^3 h^{-1}$

On en déduit le débit ou appoint d'eau

$m_5 \quad = m_a (x_4 - x_3)$

$m_5 \quad = 0.195 \ kg \ s^{-1}$

$= 0.7 \ m3 \ h^{-1}$ *pour un air saturé à la sortie de la tour*

13.5 Turbomachines : Ventilateurs et pompes

13.6 Généralités sur les turbomachines

Elles ont pour rôle le déplacement des fluides pour assurer diverses fonctions. Les ventilateurs sont utilisés en climatisation et ventilation des locaux. Les pompes sont utilisées pour la circulation de divers fluides thermiques en climatisation et pour l'eau chaude sanitaire. Les turbomachines sont toutes formées de deux parties :

- un moteur le plus souvent électrique,

- une roue ou turbine.

La transmission de l'énergie du moteur à la turbine est faite de trois manières différentes :

- ***Par entrainement direct avec la turbine montée sur l'axe du moteur,***
- ***Par accouplement entre l'axe du moteur et l'axe de la turbine,***
- ***Par entrainement par poulie dans un système courroie/poulie.***

Remarque : Les rendements de transmission ou pertes sont variables d'un système à l'autre. Il est de l'ordre de 95 à 98 % dans un entrainement direct, de 92 à 97 % dans un entrainement ave accouplement et peut être aussi faible que 90 % dans un système poulie/courroie.

La puissance P déployée par la turbomachine qui fait circuler un fluide avec un débit Q est donnée par :

$$\mathbf{P = \Delta p\, Q} \quad \textbf{watts}$$

Où Δp est la variation de pression entre aspiration et refoulement de la turbine.

Une turbomachine doit vaincre une perte de charge ou dissipation d'énergie par frottement ou résistance au déplacement.

Dans le cas d'un liquide, elle doit aussi vaincre la hauteur ou l'énergie potentielle donnée au fluide lorsque celui-ci est à placer plus haut.

La vitesse plus ou moins grande donnée au fluide en circulation est une énergie cinétique à lui fournir également pour le mettre en mouvement.

La somme de ces trois termes détermine la puissance de la turbomachine. Pour réduire l'énergie consommée ou faire des économies d'énergie il faut **réduire Δp et/ou Q**

La **Hauteur manométrique totale HMT (ou H)** est la pression totale à vaincre par la turbomachine pour mettre un fluide en mouvement. Elle est composée de :

- ***L'énergie cinétique donnée au fluide ;***
- ***L'énergie potentielle donnée au fluide ;***
- ***La perte de charge totale.***

Les économies d'énergie d'une turbomachine consisteront le plus souvent à **minimiser H ou Δp** par une réduction des pertes de charge dans les conduites.

Ces pertes de charge sont de deux ordres. La perte de charge totale est la somme des pertes linéaires et singulières.

$$\Delta p_t = \Delta p_l + n \, \Delta p_s$$

La puissance déployée par une turbomachine est calculée en fin de compte à partir de la pression totale p qu'elle doit vaincre. Cette pression totale est évaluée par

$$p = 1/\rho V^2 + \rho g h + \Delta P_t.$$

Si le fluide a un débit Q alors la puissance déployée appelée aussi puissance utile Pu vaut :

$$P_u = Q \, p \ \text{Watts}$$

Utilisation de variateurs de vitesse pour économiser l'énergie des turbomachines.

Les pertes de charge (ou énergie dissipée) en pompage et en ventilation sont proportionnelles au carré de la vitesse et donc du débit du fluide dans les canalisations.

Dans un cas où on ne prend en compte que les pertes linéaires, on peut poser

$$\Delta p = K L Q^2$$

Or le débit Q est lui-même proportionnel à la vitesse de rotation Ω de la pompe ou du ventilateur. Une réduction de moitié de la vitesse de rotation réduira de moitié le débit de la turbomachine. L'énergie dissipée par frottements visqueux est donc proportionnelle au cube du débit par

$$P_u = K L Q^3$$

L est la distance parcourue par le fluide et K est un coefficient de proportionnalité.

Avec le développement de l'électronique il est aujourd'hui courant de modifier la vitesse de rotation des moteurs à partir d'une modification de la fréquence du courant alternatif qui lui est appliqué afin de faire varier la puissance du moteur et donc le débit du fluide.

Un **variateur de vitesse** n'est rien d'autre qu'un boîtier électronique à variateur de fréquence qui permet de faire varier la vitesse d'un moteur sans pertes d'énergie par dissipation. Il permet d'adapter exactement la puissance du moteur aux besoins (débit d'eau, débit d'air, débit de fluide frigorigène dans les VRV,...). C'est donc un économiseur d'énergie auquel il faut penser quand son installation est possible.

13.7 Les ventilateurs

Les ventilateurs sont le plus souvent utilisés dans le bâtiment pour distribuer l'air nécessaire à la climatisation ou à la ventilation des locaux. Les ventilateurs sont également utilisés dans le bâtiment comme extracteurs d'air, dans les tours de refroidissement, dans les condenseurs etc.

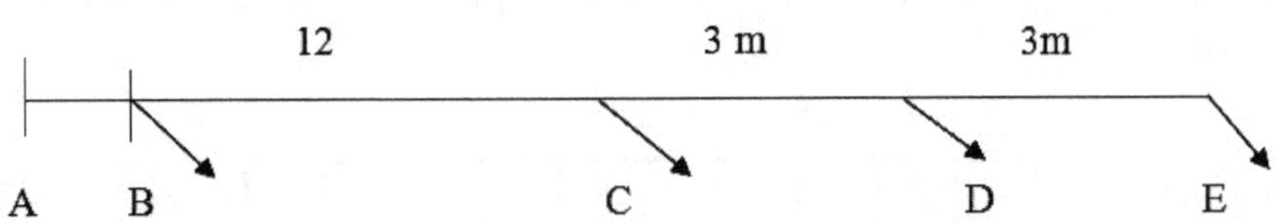

Figure 13.5 Exemple de réseau de soufflage d'air traité

Il en existe essentiellement deux sortes : les ventilateurs hélicoïdes et les ventilateurs centrifuges.

(a) (b)

Photo 13.1 Ventilateurs : (a) hélicoïde, (b) centrifuge

Ils ont un rendement de conversion de l’énergie allant de 50 à 90 % en moyenne. Un ventilateur est choisi en fonction de son débit et de la pression totale qu’il doit vaincre. Cette pression totale s’exprime par la relation

$$p_t = p_{st} + p_{dyn}$$

La pression dynamique p_{dyn} détermine la vitesse imposée à la sortie du ventilateur. La pression p_{st} statique est la perte de charge à vaincre.

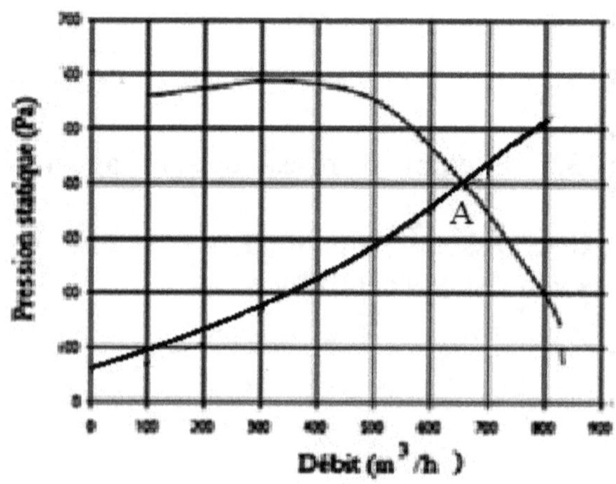

Figure 13.6 Courbe caractéristique d’un ventilateur

La courbe caractéristique du ventilateur est donnée dans un diagramme pression/débit représenté par la figure 13.6. La courbe décroissante ou en cloche représente la caractéristique du ventilateur. La courbe parabolique croissante représente la caractéristique du réseau aéraulique. Le point de fonctionnement du système est à l'intersection des deux courbes (point A)

Une mesure d'économie d'énergie courante est la réduction des pertes de charge ou pression statique du réseau aéraulique.

La réduction des pertes de charge linéaires passe par le bon choix des diamètres et des gaines de transport du fluide. Un diamètre trop petit occasionne une augmentation des pertes de charge linéaires.

Pour réduire les pertes de charge singulières il faut réduire le nombre d'obstacles placés sur le circuit aéraulique ou réduire leurs effets. Ce sont les coudes, embranchements, filtres, registres…

Exercice 13.4. Economies d'énergie et ventilation

Un ventilateur a un débit horaire $q_v = 12\,000\ m^3\ h^{-1}$. Les pertes de charge totales ont été estimées de 150 Pa. Le ventilateur est actionné par un moteur électrique de 1,2 kW. Calculer la puissance utile du ventilateur ainsi que son rendement (moteur/ventilateur).

Réponse :

Puissance utile

$$Pu = \Delta p\ q_v = 150 * 12000/3600 = 500\ W$$

Rendement

$$\eta = P_u / p_a = 42\ \%$$

Exercice 13.5. Economies d'énergie et régulation de la ventilation des CTA

Dans une installation de climatisation on constate que les besoins en air frais en provenance de la CTA ont l'allure indiquée par le tableau ci-dessous. Les caractéristiques du ventilateur et de la gaine d'air sont données par la figure ci-jointe. La CTA peut fournir 12 000 $m^3\ h^{-1}$ d'air traité en continu.

Quelles économies d'énergie utile ferait-on par jour si on fournissait exactement le débit d'air désiré (<u>pression supposée constante</u>) au lieu d'un débit constant égal à 12 000 $m^3\ h^{-1}$ toute la journée.

Heure	**8 -10h**	**10 - 12h**	**12 - 14h**	**14 - 16h**	**16 - 18h**	**18 - 20h**
Q ($m^3\ h^{-1}$)	**8000**	**10000**	**12000**	**12000**	**12000**	**10000**

Tableau 13.3 Données de l'exercice 13.5

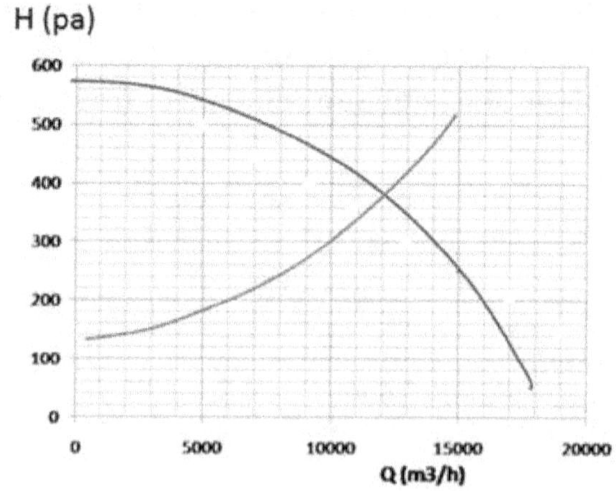

Figure 13.7 Courbes caractéristiques du ventilateur et de la gaine de l'exercice 13.5

Réponse :

L'énergie totale de pompage par jour à débit constant 12 000 m^3 h^{-1} vaut

$E \quad = \quad p\, q_v$

$\quad\;\; = \quad 380(Pa)\ 3.33\ (m3/s)*12(h)$

$\quad\;\; = \quad 15200\ Wh$

L'énergie de pompage à débit variable vaut

$E' \quad = \quad \Sigma p_i\, q_{vi}\, t_i$

Débit	8000	10000	12000	12000	10000	8000	**m^3 h^{-1}**
Pression	380	380	380	380	380	380	**Pa**

On en déduit

$E' \quad = \quad 12700\ Wh$

On économise 2500 Wh par jour soit 21 % de ***l'énergie utile.***

Un variateur de vitesse permettrait d'adapter et le débit et la pression et donc la puissance dans chaque tranche d'heure, conduisant à un gain d'énergie plus important.

13.8 Les pompes

Comme pour un ventilateur la puissance ou l'énergie consommée d'une pompe est déterminée par celle d'un moteur électrique et d'une turbine.

La pression totale à vaincre et la puissance utile sont données par les mêmes relations :

$$\mathbf{p = \tfrac{1}{2}\, \rho\, V^2 + \rho g h + \Delta p_t.}$$

$$\mathbf{P_u = Q\ p \quad Watts}$$

Il existe un nombre important de type de pompe selon les applications et la technologie. Dans tous les cas une pompe comme un ventilateur a une courbe caractéristique (pression-débit) de fonctionnement. Le choix de la pompe se fait à partir des catalogues de constructeurs en utilisant cette courbe.

Le rendement d'une pompe passe par un maximum comme indiqué par la figure 13.8. Ce maximum se définit donc pour une HMT (et un débit) bien précise. Pour réaliser des économies d'énergie la pompe doit être choisie de façon à s'adapter à une plage de fonctionnement moyenne définie comme sur cette figure. Hors de cette plage il y a gaspillage d'énergie.

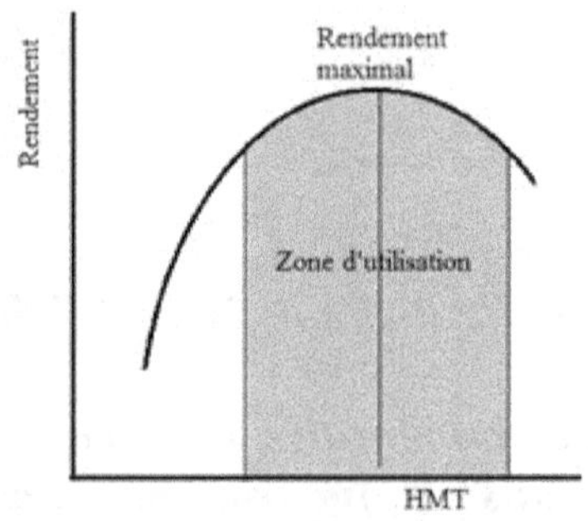

Figure 13.8 Rendement d'une pompe

Le même principe est décrit par le schéma de la figure 13.9. Celui-ci présente un réseau de caractéristiques de pompes de diverses puissances. La puissance hydraulique déployée est donnée par :

P_u = HMT (Pa) Q (m^3/s) W

Sur le schéma de la figure 13.9 ce produit correspond à l'aire du rectangle indiqué. Pour maximiser l'aire il faut que le point de fonctionnement du réseau hydraulique soit au centre (point A) plutôt que vers les axes.

Un débit ou une HMT trop faible ou trop forte réduit la puissance hydraulique utile conduisant à moins de débit ou moins de hauteur vaincue pour une même puissance électrique appelée.

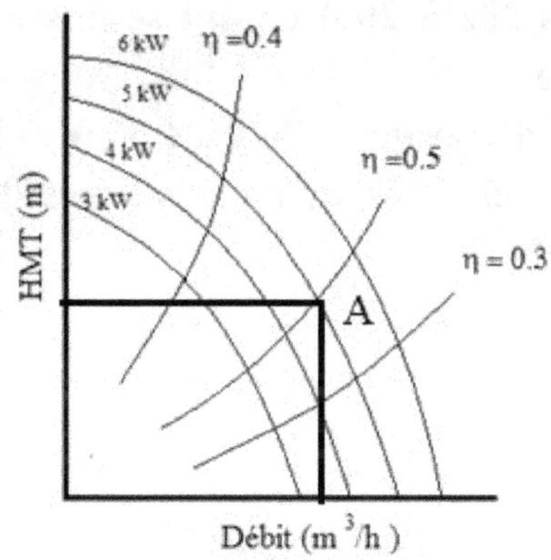

Figure 13.9 Rendement d'une pompe

On retiendra que pour une pompe la puissance utile peut être obtenue sous la forme

$$P_u = Q * HMT * \rho / 367 \quad kW$$

Dans cette relation, la HMT est en m et le débit Q en $m^3\ h^{-1}$
ρ *est la densité du liquide considéré qui vaut 1 pour l'eau.*

Exercice 13.6. Pompes de forage et économies d'énergie

Une pompe doit relever de l'eau à partir d'un forage de 40 m de profondeur. Les besoins sont limités à 20 $m^3\ h^{-1}$**. La caractéristique du conduit est donnée sur la figure 13.8**

1. **Quelle est la puissance utile nécessaire si les pertes de charge sont négligeables ?**
2. **Quelle est la puissance du moteur électrique nécessaire si le rendement de la pompe est de 0,75.**
3. **Calculer également la puissance électrique absorbée par le moteur si celui-ci a un rendement de 85 %.**
4. **On utilise une des pompes de la série MULTI-H 200 ci-dessous pour ce pompage. En tenant compte de la perte de charge, donnez en deux lignes d'explication pour chacune des cinq**

pompes (pompes 202 à 206) ce qui se passe si elle est choisie pour ce pompage.

5. **Quelle économie d'énergie utile y a t il entre les choix des deux pompes 205 ou 206 si les caractéristiques de fonctionnement sont celles de la figure.**

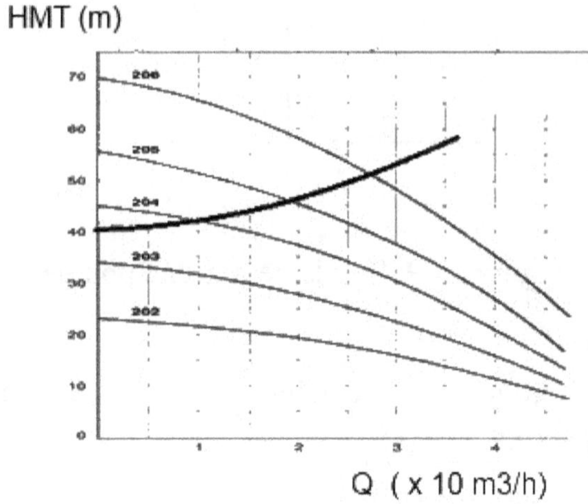

Figure 13.8 Caractéristiques des pompes et du conduit de l'exercice 13.6

Réponse :

1. Pour l'eau la puissance hydraulique utile

$P_u = Q\ HMT / 367 \quad kW$
$= 2.18\ kW$

2. Puissance mécanique déployée par le moteur

$P_m = Pu / 0{,}75 = 2.91\ kW$

3. Puissance électrique absorbée par le moteur

$P_e = Pm / 0.85 = 3.42\ kW$

4. Comparaison des pompes

Les pompes 202 et 203 ne conviennent pas pour ce pompage. Elles ne sont pas assez puissantes.
La pompe 204 donnera un débit trop faible (< $1\ m^3\ h^{-1}$).
La pompe 205 est celle qui serait la plus adaptée (débit $\approx 20\ m^3\ h^{-1}$)
La pompe 206 correspond à un gaspillage de l'énergie puisqu'elle donnera un débit de $2,75\ m^3\ h^{1}$ avec une perte de charge plus élevée que la pompe 205

5. calcul des économies d'énergies

Pompe 205 : $Q = 20\ m^3\ h^{-1}$ *et* $P = 45\ m$ *environ*
Pompe 206 : $Q = 27.5\ m^3\ h^{-1}$ *et* $P = 52\ m$ *environ*

$P_{u\,205} = 2.45\ kW$
$P_{u\,206} = 3.90\ kW$

Le passage de la pompe 205 à la pompe 206 fait perdre une puissance utile

$\Delta P_u / P_u = 58.9\ \%$

Exercices 13.7

Deux pompes sont utilisables indifféremment pour refroidir un condenseur à eau dans un immeuble. Les besoins sont voisins de 0,8 $l.s^{-1}$ comme indiqué sur les deux caractéristiques des pompes. La valeur numérique des rendements indiqués correspond au produit (lecture sur Axe HMT X 4) exprimé en %.
Comparer les consommations d'énergie mécanique en amont pour un fonctionnement de 8 heures par jour des deux pompes.

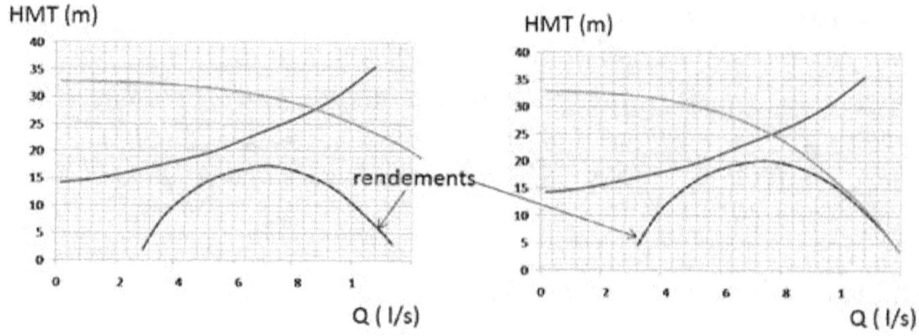

Pompe 1
Pompe 2
Figure 13.9 Données de l'exercice 13.7

Réponse :

Sur le graphique ci-joint correspondant aux caractéristiques des conduites comparées aux caractéristiques des pompes on lit :

Pompe 1 :
HMT = 28 m
Q = 8.8 l/s
η = 15*4 = 60 %
P_u = 2.41 kWh
Energie mécanique nécessaire par jour (Pu / η x Temps) = 32.2 kWh

Pompe 2 :
HMT = 25 m
Q = 7.6 l/s
η = 20*4 = 80 %
P_u = 1.86 kW
Energie mécanique nécessaire par jour (Pu/ η x Temps) = 18.6 kWh

On économise 13.6 kWh jour^{-1} en adoptant la pompe 2

14 Combustion et chauffages divers dans le bâtiment

14.1 Chaudières

Cette partie traite exclusivement de la combustion et de son efficacité en rapport avec les économies d'énergie. Le calcul du rendement de combustion se fait en partant de l'hypothèse que seules **les pertes sensibles par les fumées** sont à considérer dans une combustion. On néglige ainsi les pertes par imbrûlés (négligeables), les pertes par rayonnement et convection du corps de chaudière et les pertes par les purges.

La figure 14.1 donne à titre indicatif la variation des pourcentages en volume des deux gaz CO_2, et O_2 dans les fumées de combustion en fonction de la quantité d'air admise pour la combustion. La connaissance de la quantité de CO_2 en situation d'excès d'air suffit à déterminer la valeur de cet excès. Parfois la mesure du CO est nécessaire pour s'assurer que la combustion est sans imbrûlés ni CO. Dès que la quantité de **CO est inférieure à 200 à 300 ppm** celle-ci peut être négligée.

A partir de cette figure on s'aperçoit qu'il y'a plus de précisions à travailler avec les mesures d'oxygène que celles du CO_2.

Quel que soit la nature du combustible (solide, liquide ou gazeux) le pourcentage d'oxygène mesuré dans les gaz brûlés est pratiquement le même. Celui du CO_2 est très variable d'un combustible à l'autre.

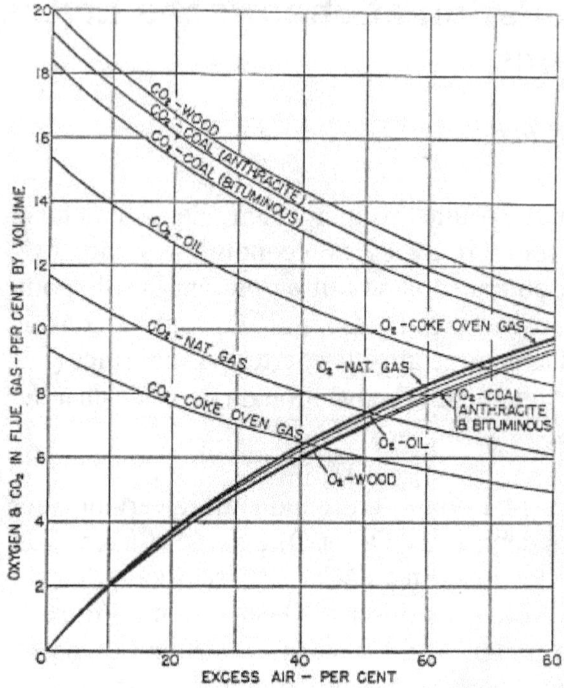

Figure 14.1 Variation des pourcentages des produits de la combustion en fonction de l'excès d'air. Source NCSU, Boilers and combustion course : Novembre 2003

La connaissance de la quantité de CO_2 dans les fumées peut conduire à la connaissance exacte du rendement de combustion selon une loi de la forme.

$$\eta = 1 - k\frac{T_f - T_a}{\%\,CO_2} \quad \text{(formule de SER)}$$

T_f est la température des fumées
T_a est la température ambiante
$\%CO_2$ est le pourcentage de CO_2 dans les fumées

La formule de SER permet de calculer de façon très approximative le rendement de combustion à partir de la connaissance des quatre paramètres de la relation ci-dessus.

Combustible	CO_2 max	Constante k (formule de SER)
Fuel lourd	16	0.59
Fuel Léger (DDO, Gas-oil)	15.4	
Gaz naturel	14.6	0.47
Propane	13.8	0.51
Butane	14	

Tableau 14.1 CO_2 maximal et constante k pour différents combustibles

Exercice 14.1. Rendement des chaudières

Une chaudière délivre 5 tonnes/heure de vapeur surchauffée à 120 bars 360°C à partir d'une eau alimentaire prélevée à 120 bars 320°C. Pour cela elle brûle un fuel lourd à raison de 220 kg h^{-1}.

a) Quelle est en MW la puissance thermique de cette chaudière (calculée côté fuel) ? Le PCI du fioul est de 42 MJ kg^{-1} ?
b) Quel est le rendement de chaudière ?
c) En utilisant la formule de SER, en déduire le % de CO_2 dans les fumées. On donne la température ambiante Ta = 35°C et celle des fumées T_f = 250°C. On admettra que les pertes sont dues uniquement aux pertes thermiques par la cheminée.
d) Quelle économie de fuel (en kg) fera-t-on par 24 heures de fonctionnement si on amène le taux de CO_2 dans les fumées à 12 % ?

Réponse :

a) La puissance thermique de la chaudière est donnée par la puissance du brûleur

P_{th} = *PCI X débit de combustible*

$= 42 * 220 / 3600$

$= 2.57$ *MW*

b) Le rendement de la chaudière se calcule à partir des enthalpies de l'eau d'alimentation de la chaudière et de la vapeur qui la quitte. En consultant les tables de propriété de physiques de l'eau et de la vapeur d'eau on relève

Enthalpie de la vapeur d'eau surchauffée $h_{sc} = 690.7\ kcal\ kg^{-1}$

Enthalpie de l'eau à 120 bars 320 °C $h_{eau} = 348.6\ kcal\ kg^{-1}$

La puissance correspondant à cette variation d'enthalpie de l'eau

$$Pu = m_v\,(h_{sc} - h_{eau}) = 5/3600\,(690.7 - 348.6)*4.18$$

$$= 1.97\ MW$$

Le rendement de la chaudière est alors de

$$\eta = Pu\ /\ Pth\ = 77\ \%$$

Ce qui donne des pertes de 22.6 % de PCI

C) Pourcentage de CO2 dans les fumées par la formule de SER

$$\%\,CO_2 = \frac{k\,(t_f\ t_a)}{\%\,Pertes}$$

Pour k = 0.59 on trouve 5.6 % de CO2

En ramenant ce taux de CO2 dans les fumées à 12 % par amélioration de la qualité de la combustion on obtient

On obtient des pertes par la cheminée

$$\%\,Pertes = \frac{k\,(t_f\ t_a)}{\%\,CO_2}$$

$$= 10.6\ \%$$

Ce qui correspond à un rendement de 89.42 %

Le gain de fuel correspondant est de

$$M = Pu\ /\ PCI * (1/\eta_1 - 1/\eta_2) \qquad \text{sur 24 heures}$$

M $= 1.97/42 \times (1/0.77 - 1/0.89) \times 3600*24$
$= 710\ kg / 24\ heures$

Exercice 14.2. Utilisation des relations chapitre 2 pour le calcul du rendement de combustion

Dans une chaudière à tube de fumée les pertes sensibles peuvent être obtenues à partir des masses d'air contenues dans les fumées. A supposer que ces masses obtenues par MJ de PCI soient de :

0,653 kg MJ^{-1} pour les fumées sèches

0,028 kg MJ^{-1} pour la vapeur d'eau de l'air atmosphérique

0,017 kg MJ^{-1} pour l'eau du combustible

0,02 kg MJ^{-1} pour l'eau formée par combustion de l'hydrogène

On vous demande d'évaluer les pertes en MJ par MJ de PCI lorsque les fumées sont rejetées à 200°C dans une atmosphère à 40°C. En déduire le rendement de la chaudière si toutes les autres pertes sont négligées.

Réponse :

Par application numérique à partir des données de l'exercice et des relations données dans la première partie de cet ouvrage (chapitre 2.3.3) on trouve :

La chaleur perdue par les fumées sèches.
$Q_{fs} = 0.24\ m_{fs}\ (T_f - T_a) =$
$= 0.105\ MJ\ MJ\ PCI^{-1}$

La chaleur perdue par la vapeur atmosphérique
$Q_{ea} = 0.46\ m_{ea}\ (T_f - T_a)$
$= 0.009\ MJ.MJ\ PCI^{-1}$

La chaleur perdue par l'eau du combustible
$Q_{ec} = [\ 596 + 0.46\ (T_f - T_a)]\ m_{ec}$
$= 0.048\ MJ\ MJ\ PCI^{-1}$

La Chaleur provenant de l'eau formée par l'Hydrogène du combustible.

$$Q_{eh} = [596 + 0.46 (T_f - T_a)] m_{eh}$$
$$= 0.006 \, MJ \, MJ \, PCI^{-1}$$

Le total des pertes vaut la somme des pertes ci-dessus soit 0.167 MJ.MJ PCI^{-1}

Le rendement de combustion de la chaudière est de

$$\eta = 1 - \Sigma pertes$$
$$= 83.3 \%$$

Exercice 14.3. Utilisation du tableau 5.5 du chapitre 5 pour le calcul du rendement de combustion

On utilise dans une chaudière du fuel lourd N°2 de caractéristiques suivantes :

PCI : 9750 kcal kg^{-1}

Les pourcentages en masse des éléments chimiques qui composent le fuel sont :

Carbone : 84,6

Hydrogène : 11 %

Soufre : 3,9 %

Divers : 0,5 %

La mesure de pourcentage de CO2 dans les fumées indique 13 % dans une ambiance à 28°C et 50% d'humidité. La température des fumées à la cheminée est de 220°C. On admet que la combustion est complète (pas d'imbrûlés notables). Quel est le rendement de la chaudière lorsque seules les pertes sensibles par la cheminée sont considérées.

Nature des paramètres	Paramètres	Unités	Valeurs	Commentaire
Données				
type ,de combustible	Fuel lourd N°2			
température des fumées	Tf	°c	200	mesuré
température ambiante	Ta	°C	26	mesuré
différence de température	ΔT	°C	174	calculé
%CO2 dans les fumées		%	7,5	mesuré
ou %O2 dans les fumées		%		mesuré
excès d'air		%	50	donnée
Facteurs				
facteur de correction des pertes de Comb.	C		1	qualité +/- bonne
quantité de combustible dans les fumées	F	kg/Gcal	95,238095	1000000 / PCI
Air total = théorique (1 + excès)	A	kg/Gcal	625,5	:11 (gaz) 417 (Fuel)
Quantité d'air dans les fumées	C*A	kg/Gcal	625,5	
Produits de combustion totaux (F+CA)	P	kg/Gcal	720,7381	
humidité de l'air	mea	kg/Gcal	7,506	0,0012 kg/kgAS
humidité du combustible	mec	kg/Gcal	0	donnée
eau provonant de la combustion de l'H2	meh	kg/Gcal	85,714286	0% d'H dans le fuel
Produits secs de combution (P - Σ W)	Ms	kg/Gcal	627,51781	caculé
Calcul des pertes				
pertes par les fumées sèches	Qfs	kca/PCI	0,0262051	
pertes par l'humidité de l'air	Qea	kca/PCI	0,0006008	
pertes dues à l'humidité du combustible	Qec	kca/PCI	0	
pertes dues à l'eau formée par combustioı	Qeh	kca/PCI	0,0579463	
somme des pertes par les fumées		kca/PCI	0,0847522	
rendement de combustion		%	91,52%	1 - Σ pertes

Tableau 14.2 Calcul du rendement de combustion de la chaudière de l'exercice 14.3

Réponse :

Le calcul assez complexe peut être fait à partir d'un tableur ou par un logiciel approprié. Un exemple de calcul à partir d'Excel est donné ci-dessus.

14.2 Cuissons et utilisation des GPL

Figure 14.2 Economies d'énergie en Cuisson domestique

Il existe dans chaque pays des règles et techniques d'installation des GPL. Si en général ces règles sont respectées dans les grandes installations (en usine par exemple), au niveau des installations domestiques elles sont très peu respectées dans les PED.

Ces règles concernent à la fois les normes de sécurités et la nature des équipements à utiliser dans chaque type d'installation. Pour ce qui est des économies d'énergie les dispositions à prendre dépendent uniquement des utilisateurs.

Toutes les règles de combustion optimales retenues dans le domaine des chaudières restent valables quand on traite de la cuisson.

Photo 14.1 Efficacité de la combustion par la couleur de la flamme

La problématique des gaspillages d'énergie liés à la cuisson provient de la combustion avec un mauvais rendement dû essentiellement à :

- Un excès d'air ou parfois un défaut d'air trop important au niveau du brûleur,
- Un brûleur inadapté.

Il faut éviter de bricoler les installations de combustion au GPL en particulier le détendeur et le brûleur qui sont spécialement calibrés pour donner les bons débits d'air et de combustible à la combustion.

Remarque importante :

Un stock de gaz en utilisation continue se refroidit pour atteindre une température d'équilibre. Quand une installation fonctionne avec un brûleur trop puissant pour le stock ce dernier atteint la température de givrage avec pour conséquence pour le butane en particulier que le débit de combustible chute pour s'annuler dans certains cas. Le stock de gaz, le brûleur et le détendeur doivent de ce fait être bien dimensionnés.

	Butane	**Propane**
Point d'ébullition (à 1 atm)	0°C	- 42°C
PCI (MJ kg^{-1})	45.6	46.0

Tableau 14.3 Propriétés physiques du Butane et du propane.

Selon les données du tableau, une bouteille de butane qui se refroidirait jusqu'à 0°C, suite à l'évaporation du liquide de la bouteille, aurait un débit de gaz nul. A 0°C la pression dans la bouteille chute à 1,013 bar c'est-à-dire à la pression atmosphérique et l'écoulement du fluide est interrompu.

Exercices 14.4. Caractéristiques thermiques des GPL

Quelle est la température d'évaporation du butane à 1 atm, à 1.7 bars, à 4 bars et à 7 bars absolus ? Donner la pression dans une bouteille de propane contenant du liquide et du gaz le tout placé dans une atmosphère à 0°C, à 25°C, à 35°C, à 50°C. En déduire la température à laquelle une bouteille de butane ne donne plus aucun débit à son brûleur.

Pourquoi peut-on placer le gaz propane hors des maisons en Europe et pas le butane ? Pourquoi ne peut-on pas placer le propane à l'intérieur des locaux d'habitation spécialement en Afrique ?

Réponse :

Les courbes de saturation des GPl sont obtenues à partir d'ouvrages spécialisés ou sur internet. Les résultats dépendent de la composition exacte du gaz en mélange faible avec des gaz parasites. Les résultats donnés ci-après sont tirés du graphe de la figure 5.5 (première partie de cet ouvrage).

*Températures d'une bouteille de gaz **butane** à différentes pressions.*

1 atm	*1.7 bars*	*4 bars*	*7 bars*
0°C	*15°C*	*35°C*	*45°C*

*Tension de vapeur du **propane** à diverses températures.*

0°C	*25°C*	*35°C*	*50°C*
5.5 bars	*11 bars*	*14 bars*	*20 bars*

On constate que si une bouteille de gaz butane est placée dans une ambiance à 0°C sa pression interne est de 1 atm. Il n'y a donc pas de débit vers brûleur.

Un bouteille de gaz butane placée hors de la maison en Europe aura souvent autour d'elle une température ambiante inférieure à 0°C et ne donnera aucun débit. Dans les pays chaud d'Afrique cela est impossible. La même bouteille peut être placée indifféremment à l'extérieur ou à l'intérieur.

Les locaux d'habitation ont le plus souvent une température interne supérieure à 20°C. En Afrique cette limite inférieure est plutôt de 24°C. On peut même avoir dans les cuisines 40 voire 50°C. La bouteille de propane est donc le plus souvent à 11 bars, 14 bars voire 20 bars. Pour des raisons de sécurité 20 bars de pression n'est pas admissible dans une maison.

Exercice 14.5. Puissances et rendements thermiques des GPL

1. Un détendeur est utilisé pour alimenter un brûleur au propane en calibrant sa pression de sortie à 37 mbar. Comment varie la puissance de cette installation si le même brûleur est utilisé avec le butane ?

2. Même exercice si le détendeur est un détendeur pour gaz butane (28 mbar) utilisé avec du propane.

Solution :

1. Le débit de gaz sera dans tous les cas le même pour ce brûleur. Cependant, comme le butane à une masse volumique plus élevée (plus de carbone) et donc un pouvoir calorifique volumique plus élevé et nécessitant plus d'air que prévu par ce détendeur, le système aura une puissance plus élevée avec un rendement de combustion moins bon.

2. Détendeur de butane utilisé avec du propane.

Il y a moins de combustible qu'il n'en faut pour ce bruleur. D'où un excès d'air trop important. A débit volumique égal le détendeur fourni moins d'énergie avec le propane qu'avec le butane. La combustion est totale mais le rendement et surtout la puissance seront réduits

15 Groupes électrogènes

15.1 *Rendement et puissance des groupes électrogènes*

Les groupes électrogènes sont utilisés dans le bâtiment comme groupe de secours mais parfois de producteur autonome d'électricité.
Un groupe électrogène est un ensemble formé d'un moteur thermique et d'un alternateur pour produire de l'électricité. Les performances de l'ensemble moteur et alternateur dépendent donc de ceux du moteur thermique d'un côté et de l'alternateur de l'autre.

Figure : groupe électrogène utilisé en standby pour l'approvisionnement en électricité d'un immeuble.

Le moteur peut être à explosion, diesel ou même une turbine à gaz. Il utilise alors soit de l'essence, soit du gasoil soit du Butane, soit même du biocarburant.

Un groupe électrogène peut servir à :

- *Fournir de l'énergie de base*
- *Fournir l'énergie de secours pour suppléer une défaillance du réseau national*
- *Fournir l'énergie d'appoint aux heures de pointes pour écrêter les pointes*

Les puissances des groupes électrogènes correspondants s'échelonnent comme suit (tableau 15.1) :

Vitesse d rotation	Type	Puissance	Application
3000 tr mn^{-1}	Rapide	Faible	Domestique - secours
900 à 1800 tr mn^{-1}	Rapide	Moyenne < 5 MVA	Production - secours
350 à 900 tr mn^{-1}	Semi-rapide	Forte entre 4 et 20MVA	Production - secours
< 350 tr mn^{-1}	lent	forte	Production

Tableau 15.1 Application des groupes électrogènes. Source : Techniques de l'ingénieur.

Les moteurs Diesel, à explosion et les turbines à gaz ont un rendement limité à 30 % en moyenne. Le **rendement des alternateurs** est quant à lui variable de 60 à 99%. Les technologies de pointe permettent de faire des gros alternateurs à rendement aussi élevé que 99%. Il est difficile d'accroître ce rendement (lorsqu'il est faible) par une simple démarche d'efficacité énergétique.

La puissance apparente nominale d'un groupe électrogène est toujours donnée, sauf indication contraire, pour un facteur de puissance de 0,8. On peut ainsi calculer la puissance nominale en kW pour laquelle est dimensionné le moteur thermique.

P = S x 0,8

15.2 Economie d'énergie et faible taux de charge du groupe

Comme pour le moteur électrique un groupe électrogène fonctionne à différents régimes de charge. C'est dans la situation de fonctionnement au régime nominal qu'il gaspille le minimum d'énergie. Son rendement de fonctionnement est alors maximal.

Il est fréquent dans nos pays en développement de voir un groupe électrogène de grande puissance mis en marche pour alimenter quelques lampes pour l'éclairage de quelques bureaux. On est dans ce cas loin du régime nominal de fonctionnement et de l'efficacité énergétique optimale.

On définit le facteur (ou taux) de charge comme le rapport de l'énergie effective délivrée sur une période de fonctionnement, sur l'énergie qui serait délivrée à puissance nominale sur la même période de fonctionnement.

$$\textbf{Facteur de charge} = \frac{puissance\ X\ temps\ de\ fonctionnement}{puissance\ nominale\ X\ temps\ de\ fonctinnement}$$

Un groupe électrogène doit fonctionner à un taux de charge de 80 à 100 % de sa charge nominale. **Dans le cas contraire il gaspille de l'énergie. De plus un groupe qui fonctionne à faible régime s'use plus vite.** L'huile de lubrification s'accumule entre les segments et brûle mal provoquant ainsi une usure rapide des pièces mobiles.
En fait il est souvent préconisé de faire fonctionner le groupe à **80 % de sa charge** pour avoir un durée de vie la plus élevée possible.

Le rendement d'une génératrice synchrone est :

$$\eta = \frac{\mathbf{Pu}}{\mathbf{Pa}} = \frac{\mathbf{Pu}}{\mathbf{Pu + Pertes}}$$

- *P_u est la puissance utile (électrique dans ce cas)*
- *P_a est la puissance absorbée (mécanique),*
- *Les pertes sont quant à elles de trois ordres : Elles sont mécaniques, magnétiques (hystérésis, courant de Foucault) et par effet Joules.*

Les pertes diminuent avec la puissance utile mise en œuvre mais ne s'annulent pas. Même à vide l'alternateur a besoin de consommer de l'énergie pour son fonctionnement. Le rendement varie donc de 0 à 99% pour certains gros alternateurs.

La figure 15.1 donnée à titre indicatif permet de se faire une idée de la puissance et du rendement en fonction de la charge.

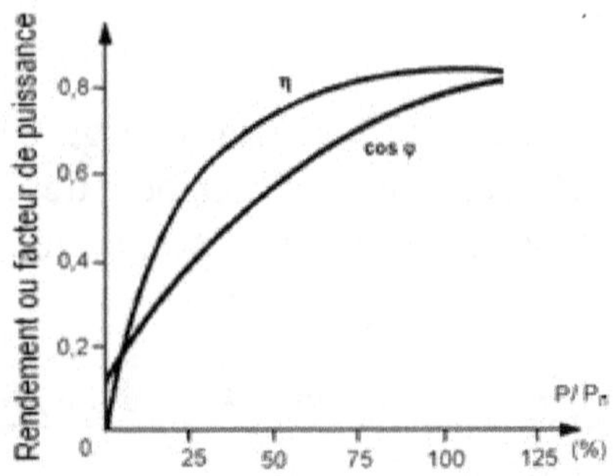

Figure 15.1 Rendement et cos φ d'un moteur synchrone

Lorsque les courbes de rendement émanent de constructeurs fiables, elles permettent la détermination précise de la puissance déployée et par suite celle de la consommation de combustible du groupe électrogène obtenu en kg de fuel par kWh d'électricité produite. Un groupe électrogène doit avoir une **consommation de combustible variant de 0,2 à 0,4 kg/kWh**. Cette consommation dépend du rendement global à l'utilisation. Quand les conditions de fonctionnement sont loin du régime nominal la consommation de fuel et le gaspillage d'énergie peut être élevée.

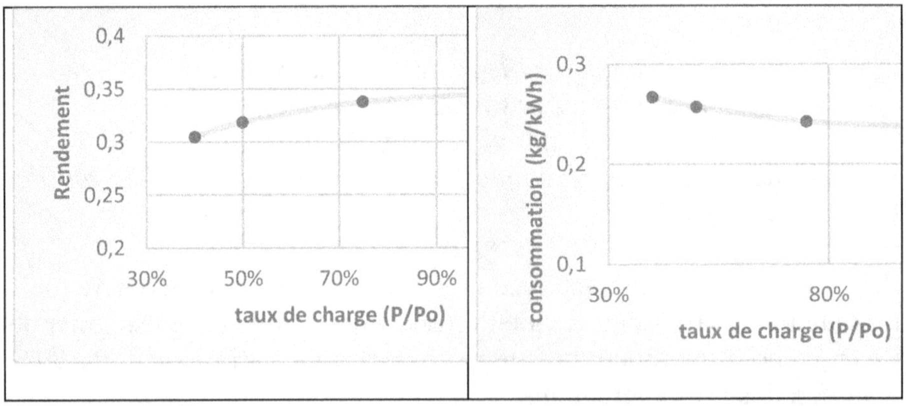

Figure 15.2 Rendement et consommation de gasoil du groupe électrogène de l'exercice 15.1

Exercice 15.1. Efficacité énergétique de groupes électrogènes

La fiche technique d'un groupe électrogène de 120 kWe indique que la consommation à plein régime est de 33.5 litres de gasoil à l'heure. A 50 % du régime nominal la consommation est de 20 litres à l'heure.

1. En déduire le rendement et la consommation en kg de gasoil par kWh d'électricité produite pour chaque régime de fonctionnement.

2. Calculer les consommations de carburant pour 24 heures de fonctionnement continu à chaque régime.

3. Quelle perte de carburant fait-on en passant d'un régime de fonctionnement à l'autre ? Estimer l'augmentation des émissions de gaz à effet de correspondante si la combustion du gasoil utilisé conduit à 0.85 kg équivalent CO_2 d'émissions par $kWh_{élec}$

Les caractéristiques du gasoil sont de 10500 kcal kg^{-1} pour le PCI et de 0.85 kg l^{-1} pour la masse volumique.

Réponse :

Fonctionnement à 100 % de régime
1. Puissance électrique fournie P_e = 120 kW
Consommation de gasoil C = 33.5 l h^{-1} = 7.901 g s^{-1}
Puissance thermique déployée P_{th} = C. PCI = 347 kW_{th}
Consommation C' en kg kWh^{-1} = $C.\rho / Pe.temps(h)$ = 0.237 kg kWh^{-1}
*2. Consommation de fuel en 24 h de fonctionnement continu CC = C*24 h = 683.4 kg*
Production électrique en 24 h E_e = CC/C' = 2880 kWh

Fonctionnement à 50 % de régime
1. Puissance électrique fournie P_e = 60 kW
Consommation de gasoil C = 22 l h^{-1} = 4.722 g s^{-1}
Puissance thermique déployée P_{th} = C. PCI = 207 kW_{th}
Rendement du groupe électrogène P_{th} / P_e =2.89 %
Consommation C' en kg kWh^{-1}= $C.\rho / P_e$ temps(h) = 0.283 kg kWh^{-1}

*2. Consommation en 24 h de fonctionnement continu = C*24 h = 408 kg*
Production électrique en 24 h E_e = CC/C' = 1440 kWh

3. Perte de carburant par baisse du rendement
Pertes = ΔC kg de fuel par kWh d'électricité.
= (0.283—0.237)
= 0.046 kg de fuel par kWh d'électricité produite
*Les émissions de CO2 correspondantes sont de 0.85*0.046 soit 0.039 kg de surémission de gaz à effet de serre par kWh produit.*

15.3 Rendement thermique du groupe électrogène

Le rendement thermique d'un groupe électrogène, ou plus exactement de son moteur thermique, dépend de trois paramètres variables selon les sites :

- **La pression atmosphérique** : Le même groupe électrogène à une puissance moindre en altitude par exemple, lorsque la pression atmosphérique est basse.
- **La température ambiante**. Une température ambiante élevée réduit la masse d'air admise dans les cylindres d'un moteur thermique. La puissance du moteur est donc réduite en conséquence.
- **L'humidité de l'air**. Un air trop humide réduit également la masse d'air sec et donc de combustible admis dans les cylindres, ce qui à son tour a pour conséquence de réduire la puissance du moteur thermique et donc du groupe électrogène.

Un groupe électrogène peut voir sa puissance nominale chuter de 3, 4 voire 10 % et plus, selon le lieu et l'atmosphère d'implantation. La perte de puissance est très sensible à variation de la pression atmosphérique en particulier.

La norme ISO 3046 est l'une des méthodes de calcul de la réduction de puissance des groupes électrogènes. Elle permet aussi d'évaluer l'augmentation de la consommation de fuel en fonction des conditions atmosphériques. Selon cette norme la puissance d'un moteur est donnée dans les conditions standards :

Pression de 100 kPa,
Température de 25°C,
Humidité relative de 30 %.

Un moteur de 750 kW utilisé dans les conditions particulières suivantes :

Pression de 0.87 bar,
Température de 45°C,
Humidité relative de 80 %,
Rendement moyen de 85 %,

Avec une consommation spécifique de 0.22 kg kWh^{-1}, ce moteur verra sa puissance chuter et sa consommation augmenter.
Le calcul par la norme ISO 3046 conduit aux résultats suivants :

- La consommation de l'ordre de 0.22 kg kWh^{-1} devient 0,23 kg kWh^{-1} ;
- La puissance du moteur passe de 750 kW à 550 kW.

Cette forte variation de puissance est essentiellement due à la variation de pression atmosphérique. La température ambiante et l'humidité de l'air ont également une influence sur la consommation et la puissance du groupe. C'est ce qui est présenté dans la section suivante.

15.3.1 Moteur thermique de groupe électrogène.

Conformément à ce qui précède, un groupe électrogène placé dans certaines conditions de température, d'humidité et de pression fournit moins de puissance que celle indiquée dans les conditions standards. **La diminution de puissance est essentiellement liée au taux de remplissage des cylindres du moteur**. A vitesse de rotation du moteur constante, peu d'air dans les cylindres réduit la puissance. Le travail calculé dans un cycle moteur est toujours proportionnel au nombre de moles ou à la masse de gaz dans les cylindres, à l'admission.

On montre en thermodynamique que **dans une transformation isotherme réversible** le travail se calcule par la relation :

$$\mathbf{W = - nRT\ Ln\ (V_f / V_i)}$$

Dans une transformation isobare le même travail devient :

$$W = nRT_f (1 - V_f / V_i)$$

Dans une transformation adiabatique le travail vaut :

$$W = nR (T_f - t_i) / (\gamma - 1)$$

Dans ces équations, n, T et V réfèrent respectivement au nombre de moles, à la température et au volume de cylindre. Les indices f et i réfèrent aux états initial et final de la transformation thermodynamique considérée.

Quelle que soit la transformation considérée, **le travail est donc toujours directement proportionnel au nombre de moles** ou, ce qui revient au même à la masse de gaz dans les cylindres. On est donc tenté d'augmenter cette masse pour augmenter la puissance des moteurs. On y arrive dans les moteurs suralimentés ou moteurs turbo où un compresseur est placé artificiellement sur le circuit d'alimentation pour admettre de l'air comprimé en excès.

Pour un moteur sans suralimentation c'est-dire atmosphérique, la puissance dépend directement de la pression et de la température atmosphérique. L'équation d'état des gaz parfaits montre que dans un cylindre de volume V contenant un gaz à la pression P et à la température T, le nombre de mole n et la masse de gaz m sont directement proportionnels à la pression et inversement proportionnel à la température :

$$\mathbf{n = PV / RT}$$
$$\mathbf{m = (PV / RT)\ M}$$

On comprend pourquoi la puissance du moteur diminue avec l'altitude et diminue avec la température.

Les rendements de combustion sont d'autre part fonction de l'excès d'air admis dans la chambre de combustion. Quand la quantité d'air admise baisse, le défaut d'air résultant entraine une combustion imparfaite et fait baisser le rendement de combustion. L'excès d'air dans les moteurs à combustion interne doit être maintenu autour de 15 % (par comparaison aux conditions stœchiométriques).

L'humidité de l'air atmosphérique joue aussi sur le rendement et la puissance du moteur. Plus l'air est humide et moins importante est la masse d'air sec utile à la combustion. C'est pourquoi la puissance du moteur diminue tandis que sa consommation augmente avec l'humidité de l'air.

Dans un **moteur suralimenté** un compresseur couplé au moteur peut permettre de comprimer le gaz d'admission afin d'ne augmenter la masse. La compression peut également être réalisée par un turbocompresseur dans lequel une turbine placée sur le circuit d'échappement des gaz brûlés actionne un compresseur placé quant à lui sur le circuit d'admission.

Il arrive (et c'est d'ailleurs toujours le cas) que la compression préalable de l'air en augmente la température. Une telle augmentation de température a comme résultat de baisser la masse d'air admise dans les cylindres. Cette augmentation de température est maximale dans le cas de la compression adiabatique que l'on n'atteint jamais dans la pratique. Pour limiter l'augmentation de température il faut refroidir l'air d'admission à l'aide d'un petit échangeur de chaleur. C'est ce qui est réalisé dans le moteur **turbo « intercooler »** dans lequel l'air d'admission est refroidi pour en augmenter la masse injectée dans les cylindres.

15.3.2 Pertes de puissance des groupes électrogènes

On voit donc que le calcul des gains énergétiques dus aux élévations de pression et/ou abaissements de température des gaz d'alimentation des moteurs ne sont pas aisés. Les rendements de combustion en particulier dépendent très étroitement de la conception des moteurs par la forme et la taille des chambres de combustion, par la turbulence crée dans celles-ci, etc. Une chose est cependant certaine, la puissance des moteurs diminue avec la température et augmente avec la pression.

En toute objectivité chaque moteur devrait avoir ses paramètres particuliers de calcul de gains énergétiques liés aux variations des paramètres atmosphériques. Dans la pratique les normes ISO, AFNOR, DIN etc., permettent de faire un calcul approché de ces gains d'énergie et/ou surconsommation des moteurs.

Dans ce qui suit nous avons utilisé la méthode proposée par la norme ISO 3046 et ISO 15550 relative aux performances des moteurs à combustion interne pour calculer les variations de puissance et de consommation des moteurs diesels les plus utilisés dans le domaine des groupes électrogènes. Les puissances visées vont de quelques kW à quelques centaines de kW qui sont les plus utilisés. Les calculs faits ici sont donnés à titre d'information. Le lecteur est prié de se reporter à la **norme ISO 3046** pour une application précise de la méthode pour réduire la consommation d'énergie du groupe électrogène.

Les hypothèses de calcul sont les suivantes :

Les conditions standards de fonctionnement du moteur sont:

- *Une pression de 100 kPa,*
- *Une température ambiante de 25°C,*
- *Une humidité relative de 30 %.*

Si le moteur est placé dans des conditions de fonctionnement différentes il aura une autre puissance et une autre consommation de carburant. Dans ce qui suit nous nous intéresserons aux conditions dans lesquelles la pression diminue (moteur en altitude) et la température augmente (moteur placé dans une ambiance chaude). Les variations des deux paramètres calculés « a » pour la puissance et « b » pour la consommation sont alors évaluées à partir de la méthode proposée.

Utilisation de méthode ISO 3046

La norme ISO 3046 considère le rendement mécanique du moteur comme paramètre de calcul. Lorsque ce rendement mécanique n'est pas fourni par le constructeur on considère une valeur de 80 %. Les calculs réalisés correspondent à ceux d'un moteur simple non suralimenté. Le

lecteur est invité à se reporter à la méthode de base pour les calculs relatifs aux moteurs turbo ou suralimentés.
Lorsqu'un moteur est placé dans des conditions particulières de pression, de température et d'humidité sa consommation C et sa puissance P prennent les valeurs P' et C' telles que :

P' = a P
et
C' = b C

Les facteurs de puissance « a » et de consommation de fuel « b » sont donnés par les figures 15.1, 15.2, 15.3, 15.4 15.5, et 16.6 obtenus à partir de l'application de la norme ISO 3046. On peut constater que c'est l'abaissement de pression atmosphérique qui a le plus d'influence sur la réduction de puissance.

L'augmentation de la consommation « b » est dans tous les cas faible comparée à la réduction de puissance due aux variations de pression et de températures.

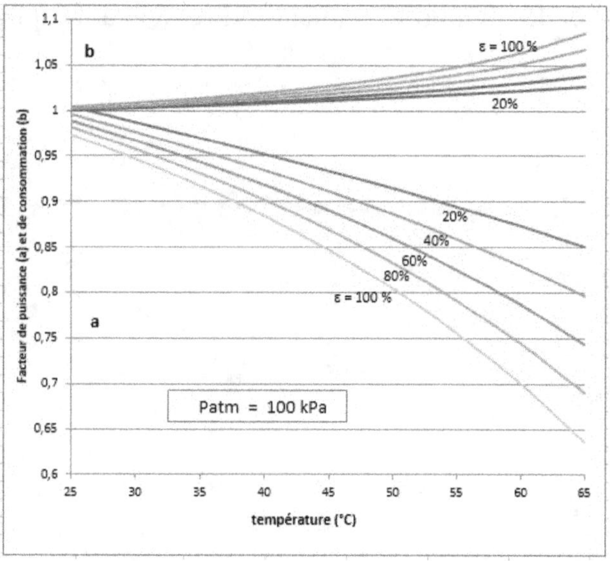

Figure 15.1 Coefficients a et b de détermination de la puissance et de la consommation des groupes électrogènes en fonction de la température et de l'humidité ambiantes. Pression atmosphérique = 100 kPa

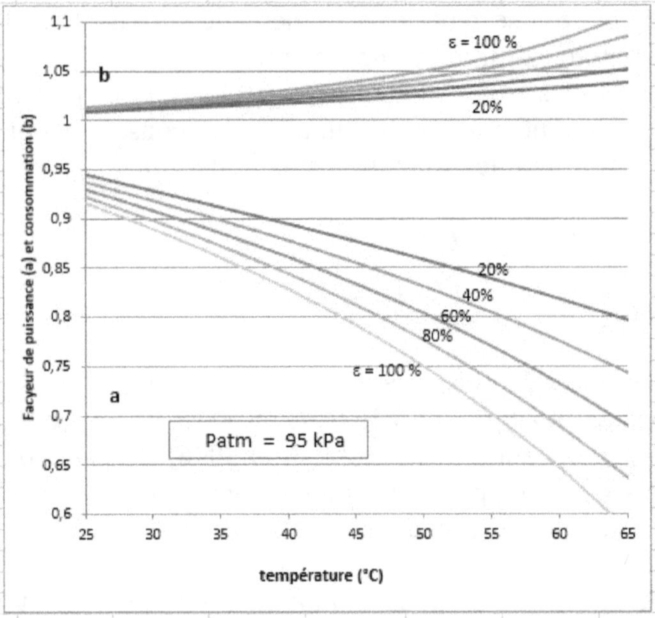

Figure 15.2 Coefficients a et b de détermination de la puissance et de la consommation des groupes électrogènes en fonction de la température et de l'humidité ambiantes. Pression atmosphérique = 95 kPa

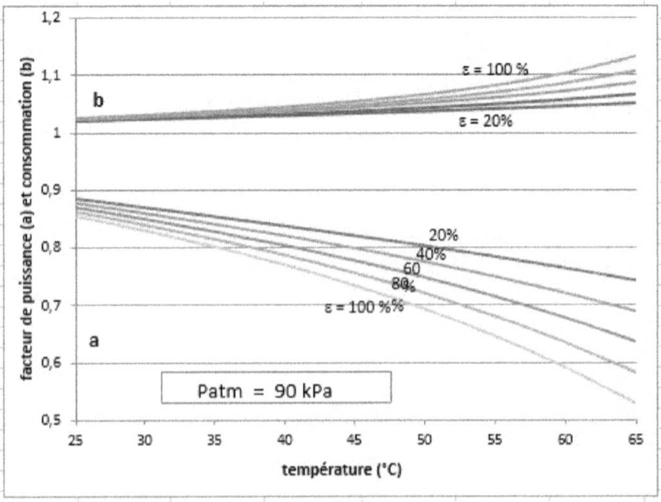

Figure 15.3 Coefficients a et b de détermination de la puissance et de la consommation des groupes électrogènes en fonction de la température et de l'humidité ambiantes. Pression atmosphérique = 90 kPa

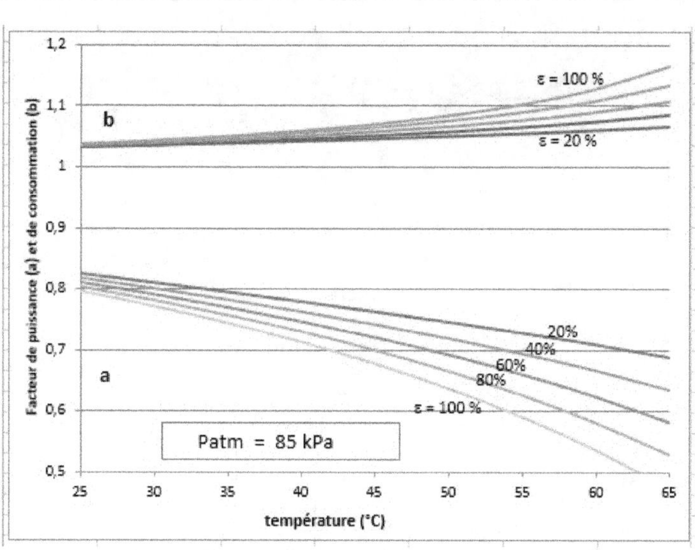

Figure 15.4 Coefficients a et b de détermination de la puissance et de la consommation des groupes électrogènes en fonction de la température et de l'humidité ambiantes. Pression atmosphérique = 85 kPa

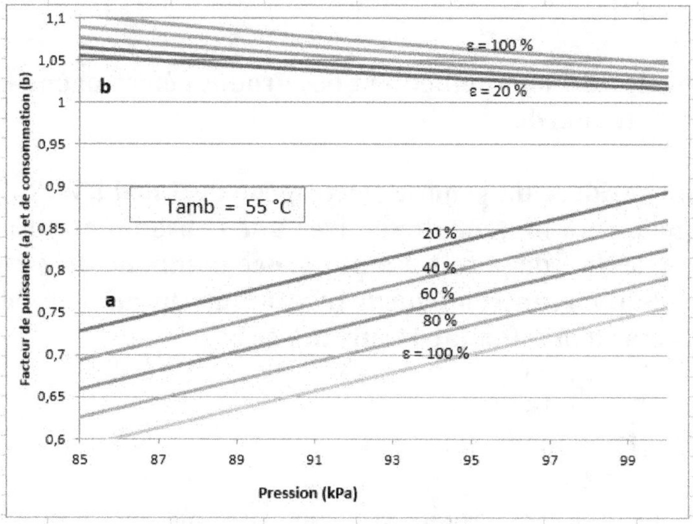

Figure 15.5 Coefficients a et b de détermination de la puissance et de la consommation des groupes électrogènes en fonction de la pression et l'humidité. Température ambiante = 55°C

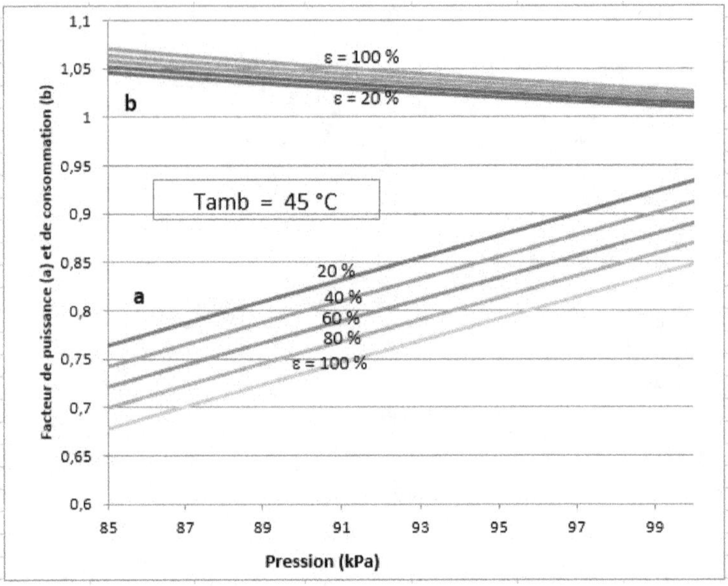

Figure 15.6 Coefficients a et b de détermination de la puissance et de la consommation des groupes électrogènes en fonction de la pression et l'humidité. Température ambiante = 45°C

Exercices 15.2. Fonctionnement des groupes électrogène hors des conditions standards

On considère un groupe électrogène de 3 800 kW. Le moteur thermique est un moteur diesel avec une consommation moyenne de 0.22 kg kWh^{-1} de gasoil. La puissance nominale de 3 800 kW a été obtenue pour un rendement mécanique du moteur de 0,85 et dans les conditions standards suivantes :

- **P = 1 atm**
- **T_{amb} = 25 °C**
- **HR = 30 %**

Le groupe est placé sur un site ou les conditions de fonctionnement sont les suivantes :

- **P = 0.9 atm**
- **T_{amb} = 55 °C**
- **HR = 40 %**

De combien varient la puissance et la consommation de gasoil de ce groupe?

Réponse :

Le calcul exact peut être obtenu à partir de la norme ISO 3046. Une évaluation approximative est obtenue à partir de la fiche dérivée de la figure 15.5.
Pour les conditions données :
$P = 0.9$ atm (ou 91 kPa) ; $T_{amb} = 55°C$ et $HR = 40$ % on lit sur la fiche
$a = 0.75$
$b = 1.05$

La puissance du groupe électrogène ne sera plus que de de ¾ i.e. 2850 kW contre 3800 kW

La consommation de fuel varie indépendamment de la baisse de puissance et devient 231 g kWh^{-1} contre 220 g kWh^{-1}.

En réalité l'effet de la variation de pression prime sur les autres paramètres. A pression égale le passage de 25°C à 55 °C provoquerait une baisse de puissance de 13 % donnant ainsi une puissance à 3290 kW.

Un groupe électrogène a un rendement que l'on peut exprimer en $kg.kWh^{-1}$ ou kg de fuel consommé par kWh d'électricité produite. Les ratios les plus couramment rencontrés sont de 0.2 à 0.3 kg kWh^{-1}. Dès que le ratio de consommation est hors cette plage il faut immédiatement penser à un audit et à une intervention.

16 Eclairage

L'éclairage et les équipements de bureau sont responsables de 20 à 40 % de consommation d'énergie dans le bâtiment. La détermination exacte de l'éclairement nécessaire dans un local ou tout autre espace à éclairer fait l'objet d'un dimensionnement. De nos jours il existe plusieurs types de logiciel de dimensionnement de l'éclairage téléchargeables gratuitement sur Internet. Ils permettent de dimensionner l'éclairage mieux que par un calcul manuel tel que proposé dans les ouvrages sur l'éclairage. Le logiciel Dialux en est un exemple. A défaut de logiciel il est parfaitement possible de faire un calcul manuel assez précis des économies d'énergie dues à l'éclairage. C'est ce qui est fait ci-dessous

16.1 Dimensionnement de l'éclairage des locaux

L'éclairage a déjà fait l'objet d'une étude dans la première partie de cet ouvrage avec toutes les définitions classiques nécessaires. Toutes ces définitions seront reprises et utilisées dans cette section.

L'éclairement requis pour un bon éclairage est donné par les documents spécialisés. A titre indicatif nous donnons par le tableau 16.1, les ordres de grandeur utilisables dans le cas d'un projet d'éclairage dans divers locaux.

Nature de l'immeuble	Type de local	Eclairement requis (lux)
habitation	Salles de bains	100
	Chambre à coucher	100
	cuisine	200
	Salle de séjour	200
	Lecture intermittente	150
	Lecture prolongée	500
Bureaux	Travaux généraux	500
	Salle de dessin (général)	150
	Salle de dessin (tables)	1000
	Tables de lecture	500
Atelier de montage	Très petites pièces	1500
	Petites pièces	1000
	Pièces moyennes	300
	Grosses pièces	200
Eclairage public	Rue éclairée	30
Cours de l'entreprise	Passages personnes et autres	50

Tableau 16.1 Niveaux d'éclairement recommandé.

Pour réaliser un audit en vue des économies d'énergie en rapport avec l'éclairage il faut se munir d'un luxmètre bien étalonné. L'objectif est la mesure de tous les éclairements des locaux et espaces concernés.

Un éclairement trop important, supérieur aux valeurs recommandées doit faire l'objet d'une étude pour déterminer la réduction de puissance possible. Pour cela il est nécessaire de savoir évaluer la puissance à installer.

Le **flux lumineux** total d'une pièce à éclairer, émis par l'ensemble des luminaires est donné par la formule :

$$\mathbf{F} = \frac{\mathbf{E\ S}}{\mathbf{v\ u}}$$

F est le flux lumineux (Lm),
E est l'éclairement requis (Lux),
S est la surface totale au sol (m^2),
v est le facteur de dépréciation sans unité,
u est le facteur d'utilisation sans unité.

La connaissance du Flux total F permet le choix des lampes appropriées, en nombre et en efficacité, lorsque les paramètres E, v et u sont connus.

Exercice 16.1. Dimensionnement de l'éclairage d'un local

Trouver le flux lumineux et le nombre de lampes de 2500 lumens chacune nécessaires pour éclairer un local de 50 m² à 300 lux avec un facteur d'utilisation moyen de 0,7 et un facteur de dépréciation moyen des lampes de 0,6.

Réponse :

On pose

$$\begin{aligned} F &= ES / vu \\ &= 300.50 / 0.6 \,.\, 0.7 \\ &= 35\ 700\ lm \end{aligned}$$

Le nombre de lampes de 2 500 lm nécessaire est de :

N = F / f
= 35 700 / 2500
= 14 lampes

16.2 Détermination des facteurs de dépréciation et d'utilisation

16.2.1 Facteur de dépréciation

Le facteur de dépréciation v d'une lampe dépend essentiellement de leur fabrication et de la clarté de l'atmosphère où ces lampes sont utilisées. Du fait de leur vieillissement et de la poussière et autres impuretés de l'atmosphère les lampes perdent progressivement une partie de leurs flux lumineux.

On peut retenir les valeurs suivantes dans les calculs approchés.

v = 0,77 pour les lampes de bonne qualité utilisées dans une ambiance nette,
v = 0,74 pour la majorité des cas,
v = 0,67 dans le cas d'une atmosphère chargée de poussière.

v = 0.7 est une bonne moyenne.

16.2.2 Facteur d'utilisation

Le facteur d'utilisation u est le produit de deux paramètres. En fait u mesure la part du flux lumineux qui tombe effectivement sur la surface ou plan utile par rapport au flux émis par les lampes.

$$u = \eta \; U$$

η est le rendement du luminaire

U est appelé utilance et mesure la part du flux lumineux qui tombe effectivement sur le plan utile par rapport au flux émis par un luminaire.

Le rendement des luminaires est donné par le constructeur. Il varie de 50 à 100 %. Par défaut on considère une valeur de 80 %.

<u>L'utilance dépend de quatre facteurs :</u>
- *Le système d'éclairage (direct, semi-direct ou indirect),*
- *L'indice du local K,*
- *Le rapport de suspension des lampes j,*
- *Le facteur de réflexion du plafond et des murs.*

Systèmes d'éclairage.

On peut distinguer quatre systèmes d'éclairage (voir figure 16.1) : l'éclairage direct intensif, l'éclairage direct extensif, l'éclairage semi-direct, et l'éclairage indirect.

Dans le cas de l'éclairage direct qui nous concerne ici on considère que 90 à 100 % du flux lumineux est dirigé vers le plan utile, ou le sol.

Quand l'éclairage est semi-direct on peut considérer que 60 à 90% du flux va vers le plan utile. Dans un éclairage indirect plus de 90 % du flux lumineux est envoyée vers le haut par rapport au plan utile.

LUMINAIRE	DIRECT INTENSIF	DIRECT EXTENSIF	SEMI-DIRECT	INDIRECT
CLASSE PHOTOMETRIQUE	CLASSE A à E	CLASSE F à J	Superposition de : - App. direct classe A à J - App. Indirect	CLASSE T
REPARTITION D'INTENSITE	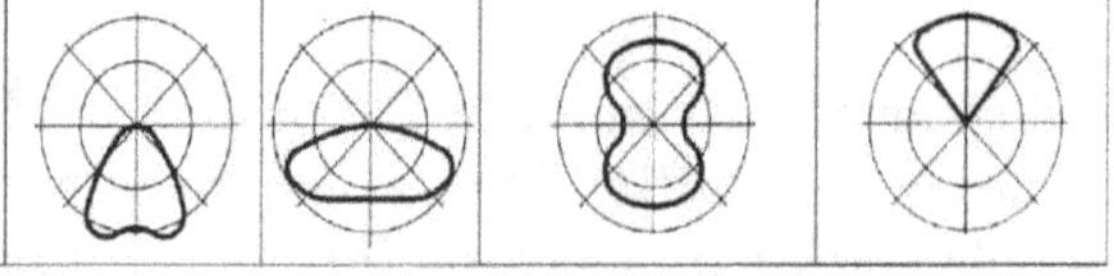			

Référence = norme UTE C71-121

Figure 16.1 Systèmes d'éclairage

Indice du local K

C'est un coefficient qui tient compte de la géométrie du local (voir figure 16.2).

$$K = \frac{\mathbf{a\,b}}{\mathbf{h\,(a+b)}}$$

a b = S est la surface du local a et b étant sa longueur et sa largeur, h est sa hauteur.

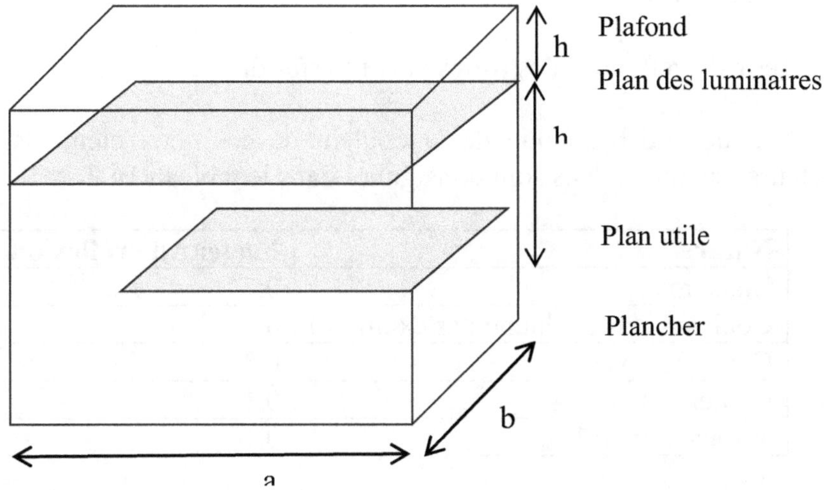

Figure 16.2 Schématisation d'un local pour la détermination des coefficients K et j

Rapport de suspension J

Il mesure la position relative des luminaires par rapport au plafond et au plan utile.

$$j = \frac{\mathbf{h'}}{\mathbf{h+ h'}}$$

h' est la distance du plafond aux luminaires
h est la distance des luminaires au plan utile.

Les valeurs de j les plus couramment utilisées sont : j = 0 pour des liminaires au plafond ou encastrés et j = 1/3 (en général).

La distance entre luminaires « e » est aussi un paramètre de dimensionnement. Il détermine l'uniformité de l'éclairage par le nombre de lampes installées.

e = 1,5 h est la valeur la plus utilisée.. Entre murs du local et luminaires cette distance vaut e/2

NB : Un éclairage non uniforme peut donner l'impression d'un éclairage insuffisant

Facteur de réflexion des murs et du plafond.

Il dépend beaucoup de la couleur de ces deux éléments. Les valeurs recommandées sont consignées dans le tableau 16.2.

Nature	**Facteur de réflexion**
Blanc mat	0,7
Couleurs claires (jaune par exemple)	0,5
Couleurs vives	0,3
Couleurs sombres	0,1
Vitrage sans rideau	0,1

Tableau 16.2 Données indicatives de facteurs de réflexion dans un local

Quand on a évalué les paramètres K et j le tableau 16.3 permet de déterminer l'utilance U.

Rapport de supension J = 0 — Facteurs de réflexion mur, plafond, sol

Catégories et classes	Indice du local K	8	8	7	7	7	7	7	7	5	5	5	3	3
	Plaf.	8	8	7	7	7	7	7	7	5	5	5	3	3
	Murs	7	7	7	7	5	5	3	1	5	3	1	3	1
	Sol	3	1	3	1	3	1	1	1	1	1	1	1	1
F1 :Direct intensif Luminaire classe C e 1 X h	0,60	71	65	70	65	58	56	50	45	55	49	45	49	45
	0,80	83	76	81	74	70	66	60	55	64	59	55	59	55
	1,00	91	81	88	80	77	72	66	62	71	66	52	65	61
	1,25	98	87	95	85	85	79	73	69	77	78	59	72	68
	1,50	102	98	99	88	90	82	77	73	81	76	73	75	72
	2,00	108	94	105	94	97	88	83	80	86	82	79	91	78
	2,50	112	97	109	95	192	91	87	84	89	86	83	85	82
	3,00	115	99	111	97	105	93	90	8	91	89	86	87	85
	4,00	119	101	114	99	109	96	94	91	94	82	90	90	89
	5,00	121	102	116	101	112	98	96	94	96	94	92	92	91
F2 :Direct extensif Luminaire classe H e = 1.5 X h	0,60	57	52	55	51	40	38	39	25	37	30	24	29	24
	0,80	66	60	64	59	49	46	36	32	45	37	31	36	31
	1,00	77	69	74	67	60	56	47	41	54	46	41	46	41
	1,25	83	74	90	72	66	51	53	46	59	52	46	51	46
	1,50	89	78	85	76	72	66	58	52	64	57	52	56	51
	2,00	85	84	93	83	81	73	66	60	71	65	59	63	58
	2,50	101	67	97	86	87	78	71	56	75	70	65	68	64
	3,00	105	90	101	88	91	81	75	70	79	74	69	72	68
	4,00	111	94	106	92	98	86	81	76	84	79	75	78	74
	5,00	114	96	109	94	102	89	85	81	87	83	79	81	78
F3 : semi-direct extensif Luminaire classe M e = 1.4 h	0,60	54	49	50	46	37	35	28	23	31	25	21	23	19
	0,80	64	58	59	54	46	44	36	31	39	33	28	29	25
	1,00	73	66	66	62	66	52	45	40	46	41	37	37	33
	1,25	80	71	74	67	63	58	51	46	51	46	42	41	38
	1,50	85	75	79	71	68	63	56	51	56	61	46	45	42
	2,00	93	81	85	77	76	69	63	59	61	57	53	51	48
	2,50	97	84	90	79	82	73	68	64	65	61	58	54	52
	3,00	101	86	93	81	86	76	72	68	68	64	61	57	55
	4,00	105	90	97	84	91	80	76	73	72	69	66	61	59
	5,00	108	91	100	86	95	83	80	77	74	71	69	63	62

Rapport de suspension J = 1/3 — ← Réflexion croissante

Catégories et classes	Indice du local K													
	Plaf.	8	8	7	7	7	7	7	7	5	5	5	3	3
	Murs	7	7	7	7	5	5	3	1	5	3	1	3	1
	Sol	3	1	3	1	3	1	1	1	1	1	1	1	1
F1 :Direct intensif Luminaire classe C e 1 X h	0,60	68	63	67	62	56	54	49	45	54	49	45	49	45
	0,80	79	73	77	72	67	64	59	55	63	58	55	58	55
	1,00	86	79	85	78	74	70	65	61	70	65	61	64	61
	1,25	93	85	91	84	81	77	72	68	76	72	68	71	68
	1,50	98	88	96	87	86	81	76	72	80	75	72	75	72
	2,00	105	93	102	92	93	85	82	79	85	81	78	81	78
	2,50	109	96	106	94	98	90	86	83	88	85	82	84	82
	3,00	112	97	109	96	102	92	89	86	91	88	85	87	84
	4,00	116	100	113	99	109	96	93	90	94	91,	89	90	88
	5,00	119	101	115	100	110	97	95	93	96	93	92	92	90
F2 :Direct extensif Luminaire classe H e = 1.5 X h	0,60	52	48	51	48	38	36	29	24	36	29	24	29	24
	0,80	61	57	60	56	46	44	36	31	44	36	31	36	31
	1,00	71	65	70	64	56	53	46	41	53	46	40	45	40
	1,25	78	71	76	69	52	59	51	46	58	51	45	50	45
	1,50	84	76	82	74	69	64	57	51	63	56	51	56	51
	2,00	92	82	89	80	77	71	65	59	70	63	58	63	58
	2,50	98	86	95	64	83	76	70	64	74	69	64	68	63
	3,00	102	89	99	87	88	80	74	69	78	73	68	72	68
	4,00	108	93	104	91	95	85	80	76	83	79	75	77	74
	5,00	112	95	108	94	100	89	84	80	86	82	79	81	78
F3 : semi-direct extensif Luminaire classe M e = 1.4 h	0,60	44	41	42	39	29	29	22	18	27	21	17	20	17
	0,80	54	50	51	48	38	37	30	25	34	28	24	27	23
	1,00	63	58	60	55	47	45	36	33	42	36	31	34	30
	1,25	71	64	67	61	54	61	44	39	47	41	36	38	34
	1,50	77	69	72	65	60	56	49	44	52	46	41	43	39
	2,00	85	75	80	72	68	63	57	51	58	52	48	48	45
	2,50	91	80	85	75	74	68	63	57	62	57	53	52	48
	3,00	95	83	89	76	79	72	66	61	65	60	57	55	52
	4,00	101	87	93	82	85	77	72	68	59	55	62	59	57
	5,00	104	89	97	84	90	80	75	72	72	68	66	63	59

Tableau 16.3 Utilance U des points lumineux en % du flux incident

Exercice 16.2. Détermination des utilances de lampes

Déterminer l'utilance U des lampes dans les conditions suivantes :

1. Local de 6m de long sur 4 de large dont les lampes sont encastrées dans le plafond. La hauteur sous plafond est de 3,5 m. Le plan utile est à 1 m du sol et l'éclairage est direct extensif. Les murs sont peints en blanc mat et le sol est de couleur sombre ocre.

2. Local de 40 m sur 20 m de large et 5m de hauteur. Le plan utile est à 1 m su sol. Les lampes sont suspendues à 1 m du plafond avec un éclairage direct intensif. Les murs et le sol sont tous de couleur grise sombre.

Réponse :

1. 1er exemple

K = ab /h (a + b)

= 0.96

J = h' / (h + h')

= 0

On prend les facteurs de réflexion du plafond, des murs et du sol dans l'ordre 7 ; 7 ; 1
On en déduit à partir du tableau 16.3 la valeur de l'utilance U = 67 %

1. 2ème exemple
K = ab /h (a + b)
= 4.44
J = h' / (h + h')
= 1/4

On prend les facteurs de réflexion du plafond, des murs et du sol dans l'ordre 5 ; 3 ; 1 avec j ≅ 1/3 et K= 4 sur le tableau 16.3.
On en déduit U = 91 % à partir du tableau.

Remarque : Un projet d'éclairage doit tenir à la fois compte de l'éclairement désiré E mais aussi de l'uniformité de l'éclairage. Ceci implique une augmentation du nombre de points lumineux au détriment d'une seule ou de quelques lampes de fortes puissances fixées en quelques endroits.

Pour un éclairage uniforme, le rapport de l'éclairement minimal sur l'éclairement moyen du local doit respecter les conditions suivantes :

$R = E_{min} / E_{moy} > 0,67$ (source Energie$^+$ UCL)

Le flux lumineux total F est à répartir sur un nombre élevé de lampes de flux unitaires f répartis uniformément dans le local.

16.3 Eclairage intérieur et efficacité énergétique

Pour réduire l'énergie consommée en éclairage plusieurs pistes existent dont quelques-unes sont présentées ci-après.

- L'utilisation de lampes de basse consommation électrique ou à haute efficacité d'éclairage. Une efficacité lumineuse de 80 lm/W minimale est une bonne valeur.

- La **réduction de la puissance installée** quand c'est possible. Il arrive quelquefois que l'éclairage soit mal réparti de telle façon que des zones entières soient sur-éclairées. On peut s'en rendre compte avec un luxmètre pour ensuite réduire la puissance lumineuse installée. Il faut cependant éviter de réduire abusivement la puissance au détriment du confort visuel. En Afrique il arrive si souvent de trouver des bureaux dans lesquels l'éclairement est inférieur à 200 voire 100 lux.

- Dans certains locaux et même en éclairage extérieur il arrive pour des raisons diverses dont l'uniformité de l'éclairage par exemple, que la **hauteur des feux** soient trop forte. Dans ces conditions l'éclairement sur le plan utile peut être faible en concordance avec la loi de l'éclairement inversement proportionnel au carré de la distance. Réduire de deux la hauteur des luminaires augmente de quatre l'éclairement.

- Toutes les lampes à décharge ou au néon nécessitent des **ballasts** pour leur fonctionnement. Les ballasts sont une source de gaspillage d'énergie. Beaucoup de ballasts vendus sur le marché local en Afrique en particulier sont de très mauvaise qualité et augmentent artificiellement la consommation des lampes. Il faut penser à adopter l'utilisation de ballasts ou lampes dites électroniques ou de ballasts électromagnétiques de haute efficacité.

- La dépréciation des lampes contribue également à réduire l'éclairement. Non seulement les lampes doivent être **nettoyées périodiquement**, mais il faut veiller à choisir des lampes de bon facteur de dépréciation.

- Il est recommandé d'installer des **détecteurs de présence** ou des minuteries dans les lieux peu fréquentés de manière à éteindre les lampes automatiquement chaque fois que ces espaces ne sont pas occupés. L'éclairage des espaces extérieurs devrait être équipé de ces appareils de manière à réduire les temps d'éclairage.

- Il existe aujourd'hui des appareils de régulation de la tension d'alimentation des lampes. Le but est de faire varier le flux lumineux en fonction des besoins (forte luminosité en début de nuit et faible luminosité le matin par exemple). Ces **variations de luminosité** qui peuvent être programmées permettent d'économiser l'énergie sans une réduction de confort visuel des usagers.

- Enfin les diodes électroluminescentes communément appelées « **LED** » sont aujourd'hui considérées comme une solution pour la réduction des puissances d'éclairage dans le futur. Bien qu'elles soient encore chères leur efficacité lumineuse en fait un bon produit pour un proche futur.

Exercice 16.3. Economie d'énergie en éclairage intérieur

Une usine veut éclairer un entrepôt de dépôts marchandises de 100m sur 100 m et de hauteur 10 m fixe. On veut le faire à partir de lampes à vapeur de sodium haute pression de 150 W et 18000 lm de bonne efficacité.

- **On vous demande de proposer une solution d'éclairage à 120 lux d'éclairement minimal en combinant les principes d'économie d'énergie et uniformité de l'éclairage.**

- **Pour économiser l'énergie on décide de procéder à une variation échelonnée du flux lumineux au cours de la nuit suivant le tableau ci-dessous sachant que l'éclairage ne fonctionne que de 18h le soir à 6h le matin.**

Plage horaire	**18 – 19**	**19 - 24**	**24 – 4h**	**4 – 6h**
Pourcentage du flux lumineux	**50 %**	**100 %**	**75 %**	**50%**

Pour cela on adopte un variateur de puissance qui impose une puissance électrique de l'éclairage directement proportionnelle au flux lumineux. Calculer dans l'absolue et en pourcentage les économies d'énergie journalières résultantes. Quelle est la réduction des émissions de gaz à effet de serre annuelle résultante à raison de 0,75 tCO2 MWh^{-1} d'électricité produite.

Réponse :

Eclairage d'un entrepôt (traité sous Excel)			
Le flux lumineux total recherché F =	ES / vu		
	E =	120	lux
	v =	0,74	
	S =	10000	m²
recherche du facteur d'utilisation u			
choix de l'éclairage direct extensif de classe F à J pour éclairer large			
k =	ab / h(a + b) =	5	
j =	h' / (h + h') =	0	
on choisira de peindre les murs en blanc de préférence			
Idem pour le plafond. Le sol reste de couleur sombre.			
L'utilance pour une éclairage extensif tableau 16.3	U =	1,14	
la flux lumineus total est F =	ES / vu	1422475	lumens
Nombre de lampes de 150 W	NB = F / f =	79,03	lampes
On adopte 81 lampes de 9*9 points lumineux soit		81	lampes
Le flux lumineux total correspondant F =		1458000	lm
Puissance électrique installée	81*150 W =	12,15	kW
Quantité d'énergie par nuit de 12 h = 12,15*12 =		145,8	kWh/jour
Quantité d'énergie avec réduction de la consomm.		115,425	kWh/jour
Economies d'énergie journalières = E - E' =		30,375	kWh/jour
Economies d'énergie journalières en % (E - E')/E =		20,83%	
Economie annuelle = 365 * ΔE =		11,09	MWh
émissions de GES évitées = 0,8 * Economies =		8,32	tCO2/an

Tableau 16.3 Résultats de l'exercice 16.3

16.4 Eclairage extérieur

Les alentours des bâtiments sont concernés par les économies d'énergie. Les équipements le plus souvent incriminés sont les groupes électrogènes, l'éclairage extérieur, les lignes de transport électrique et de fluides thermiques.

Pour ce qui est de l'éclairage le calcul des économies d'énergie se fait comme indiqué ci-après. Le dimensionnement de l'éclairage suit les mêmes règles que celui de l'éclairage public.

Le **flux lumineux total** mis en jeu pour éclairer un espace extérieur donné se calcule de la même manière que celui de l'intérieur du bâtiment par la formule :

$$F = \frac{E\ S}{v\ u}$$

Tous les paramètres utilisés dans la formule ont le même sens que la formule donnée plus haut pour les locaux.

La connaissance du Flux total pour l'ensemble des lampes permet le choix de celles-ci (efficacité, nombre, flux unitaire).

Les étapes de ce calcul sont les suivants :

- *Choix de l'éclairement moyen voulu E en lux ;*
- *Détermination ou choix du facteur de dépréciation des lampes v ;*
- *Détermination du facteur d'utilisation u ;*
- *Détermination de la surface totale à éclairer S ;*
- *Calcul du flux total F en lumen ;*
- *Calcul du nombre de lampe nécessaire à partir de l'éclairement unitaire des lampes choisies.*

Les économies d'énergie concerneront les postes suivants :

- La **nature des lampes** utilisées qui doivent être de très bonne efficacité ;
- La **puissance lumineuse** installée ;
- La **gestion de l'éclairage**. En éclairage extérieur, il n'est pas toujours besoin d'avoir toutes les lampes allumées. Un éclairage intermittent ou à la demande est recommandé. On économise ainsi l'énergie par utilisation de détecteurs de présence, de systèmes de minuterie et autres commandes automatiques de la puissance lumineuse.

17 Bureautique et économies d'énergie

17.1 Equipements de la bureautique

Le secteur informatique est en plein essor partout dans le monde. Les équipements des bâtiments administratifs augmentent en nombre et en diversité. Dans beaucoup de bâtiments modernes la consommation d'énergie due aux équipements en rapport avec la bureautique ou l'informatique est aujourd'hui supérieure à celle de l'éclairage. On tend de plus en plus à comparer le poids énergétique de la bureautique à celui de l'éclairage dans tous les immeuble.

Figure 17.1 Bureautique et économies d'énergie

Les équipements les plus concernés sont :

- ***Les ordinateurs,***
- ***Les photocopieurs,***
- ***Les imprimantes.***

On les trouve essentiellement dans les bâtiments à usage administratif et dans le tertiaire. Les bâtiments domestiques sont équipés d'appareils électroménagers dont la consommation est fonction du nombre et de la nature des équipements. ***Cependant il faut éviter de donner un poids élevé à l'électroménager dans le domestique en Afrique. Les habitudes et traditions font qu'on a beaucoup plus recours à des travailleurs manuels dans le domestique pour la réalisation des travaux de nettoyage, cuisson et entretien des maisons***.

La consommation énergétique des appareils informatiques dépend de leur nature et de leur structure. Avec le développement des ordinateurs portables à écrans à cristaux liquides en remplacement des ordinateurs de bureau, la consommation des ordinateurs proprement dits a baissé considérablement. Celle **des imprimantes, et des photocopieuses** reste assez élevée et a même tendance à s'élever en raison, de la vitesse de plus en plus élevée de tous ces appareils. Les photocopieuses dont la vitesse ne cesse de s'accroître ont une consommation énergétique élevée. La consommation d'une photocopieuse dépend fortement de sa vitesse exprimée en nombre de photocopies par minute.

La plupart des appareils de bureautique consomment de l'énergie même quand ils sont en attente. Une photocopieuse, une imprimante ou un fax en standby consomment de l'énergie.

17.2 Economies d'énergie en bureautique

Quelques idées de base doivent guider dans le choix et l'utilisation des équipements de la bureautique en vue d'économiser l'énergie :

- Suivant les constructeurs, **l'efficacité énergétique des équipements** n'est pas la même. Lors du choix du matériel les considérations énergétiques doivent être prises en comptes.
- Ces équipements dégagent toujours de la chaleur qu'il faut évacuer par la climatisation. Les **équipements producteurs de chaleur** doivent de ce fait être de préférence regroupés quand c'est possible dans un local ventilé naturellement pour réduire les gains de chaleur interne de la climatisation.

- Dans un ordinateur de bureau la majeure partie de l'énergie consommée est due à l'écran. Plus cet écran est grand et plus il consomme. C'est pourquoi l'utilisation de **grands écrans** dans les projets d'équipement de bureaux doit être justifiée.
- Les imprimantes à jet d'encre consomment beaucoup moins d'énergie que celles à **LASER** ou thermiques qui tendent à disparaître. Dans un choix d'équipements de bureau celles-ci doivent être de préférence à jet d'encre et si possible partagées par plusieurs utilisateurs.
- Les fax doivent également être de préférence à jet d'encre ou thermique en lieu et place des fax au LASER plus rapide certes, mais également plus énergétivores.

Tous ces équipements doivent être adaptés aux besoins. Il faut éviter les surdimensionnements par une mobilisation de fortes capacités de travail jamais ou peu utilisées.

Dans un audit énergétique incluant la bureautique ou tout autre appareil électrique il faut non seulement évaluer les économies d'énergie en rapport avec la réduction directe de puissance et du temps de travail des appareils mais aussi celle indirecte en rapport avec la réduction des charges de climatisation par suite de la réduction des gains de chaleur interne. C'est donc à un double effet qu'on aboutit. Dans l'exemple ci-dessous nous ne ferons cas que de la réduction d'énergie directe.

Exercices 17.1 Equipement de bureau et efficacité énergétique

Un bâtiment administratif comprenant :
150 ordinateurs de bureau de 115 W. Le bâtiment comprend également 11 imprimantes/photocopieuses de grandes capacités reparties dans divers bureaux de puissance 3500 Watts lorsqu'elles photocopient et 1500 Watts quand elles sont en attente. On dénote aussi 83 imprimantes individuelles à jet d'encre de 500 Watts et 41 imprimantes personnelles laser de 1750 W quand elles sont en marche et 500 W en standby. Un audit du bâtiment a permis de se rendre compte que les grandes imprimantes restent toutes les quatre alimentées 8 heures par jour dont 5 heures en standby. Les imprimantes individuelles laser fonctionnent de façon intermittente au rythme de 6 heures par jour dont 4 heures en standby. Les

imprimantes à jet d'encre marchent en moyenne 2 heures par jour. On retiendra que les ordinateurs fonctionnent à plein régime 50 % du temps de travail. Le reste du temps ils sont en veilleuse et ne consomment presque pas d'énergie.

Quelle économie d'énergie journalière fait-on dans une mesure d'économie d'énergie qui consiste à retirer 36 imprimantes individuelles LASER et 50 imprimantes à jet d'encre pour mettre les grosses en réseau en remplaçant 100 ordinateurs de bureaux par des lap top de puissance individuelle 65 Watts. On retiendra que les imprimantes de grande capacité en réseau passent alors à 5 heures de fonctionnement par jour en restant en attente 3 heures après cette mesure d'économie d'énergie.

Réponse :

Le tableau ci-dessous récapitule et calcul la consommation d'énergie du bâtiment pour la bureautique.

Avant mesure d'économie d'énergie

Nature	Puissance	Nombre	Temps	Consommation	Unités
Ordinateurs de bureau	150	115	4	69000	Wh
Imprimantes grande capacité	3500	11	3	115500	Wh
Imprimantes à jet d'encre	500	83	2	83000	Wh
Imprimantes individuelles LASER	1750	41	2	143500	Wh
Standby Imprimantes Grande Capacité	1500	11	5	82500	Wh
Standby Impr. individuelles LASER	500	41	4	82000	Wh
TOTAL				575500	Wh

La consommation journalière totale est la somme des consommations c'est-à-dire 576 kWh.

Après la mesure d'économie d'énergie on obtient le bilan ci-dessous

Après mesure d'économie d'énergie

Nature	Puissanc e	Nombr e	Temps	Consommatio n	Unité s
Ordinateurs de bureau	50	115	4	23000	Wh
Lap top	100	65	4	26000	Wh
Imprimantes grande capacité	3500	11	5	192500	Wh
Imprimantes à jet d'encre	500	33	2	33000	Wh
Imprimantes individuelles LASER	1750	5	2	17500	Wh
Standby Imprimantes Grande Capacité	1500	11	3	49500	Wh
Standby impr. individuelles LASER	500	5	4	10000	Wh
TOTAL				351500	Wh

La consommation totale est ramenée à 576 kWh et l'économie est de 352 kWh soit 224 kWh d'économies par jour.

Tableau 17.1 Résultat du calcul d'énergie de l'exercice 17.1

18 Réglementation thermique du bâtiment

18.1 Généralités

Le bâtiment constitue avec le transport et l'industrie les secteurs énergétivores par excellence. Si l'industrie et le transport sont le plus souvent en rapport avec l'activité économique et exigent un niveau de performance minimal pour fonctionner il n'en est pas de même pour le bâtiment dont une des principales raisons d'être est le confort difficile à prendre en compte dans les décisions et orientations politiques nationales.

La **règlementation thermique et/ou énergétique** dans le bâtiment est l'ensemble des règles qui visent à limiter la consommation énergétique du bâtiment. Elles s'appliquent de ce fait à la conception même du bâtiment, aux équipements tels que la climatisation, l'éclairage, la ventilation, la production d'eau chaude sanitaire, l'électroménager et tout appareillage de consommation d'énergie utilisé dans le bâtiment.

Une telle règlementation commence par l'établissement d'un **code de qualité énergétique** dans le bâtiment. Celui-ci impose des normes et niveau d'efficacité des appareils utilisés dans le bâtiment et du bâtiment lui-même pour aboutir à un niveau de performance énergétique minimale.

L'efficacité lumineuse minimale des lampes comme niveau de performance dans l'éclairage en est un exemple. Le coefficient de performance des appareils de climatisation pour le confort thermique, la consommation annuelle par m² de surface habitée dans le bâtiment lui-même sont d'autres exemples.

Quelques autres exemples de règles possibles dans le bâtiment sont donnés ci-dessous qui peuvent conduire à la mise en place d'un code de qualité énergétique de bâtiment. Ces règles sont présentées ici à titre indicatif pour les besoins de compréhension de cette section.

- ***L'isolation thermique des murs de tout local climatisé.***
- ***Une isolation minimale d'au moins 5 cm d'épaisseur de laine de vers (ou équivalent) dans le faux plafond des toits de tôle.***
- ***Le coefficient d'échange thermique global des murs de bâtiments climatisés inférieur à 3 $W\ m^{-2}\ K^{-1}$.***
- ***Le taux de renouvellement d'air des locaux climatisés inférieur à un volume de local par heure.***
- ***La consommation annuelle d'énergie des bureaux de bâtiment à usage administratifs inférieur à 125 $kWh\ m^{-2}\ an^{-1}$.***
- ***La température de consigne de climatisation supérieure ou égale à 25°C toute l'année.***
- ***La compacité minimale imposée de tout bâtiment climatisé.***

L'évaluation technique de tous ces niveaux de performance exige une **certification du bâtiment** faite par des spécialistes. Dans la plupart des cas un audit énergétique de bâtiment constitue un choix personnel à travers lequel un promoteur veut réduire la consommation d'énergie de son bâtiment en vue de réduire les frais de fonctionnement de l'immeuble.

Cependant, les économies d'énergie dans un bâtiment peuvent également être imposées par une directive nationale qui impose pour chaque type de bâtiment un niveau de consommation maximale à ne pas dépasser. Cette règle peut être introduite au niveau des individus par une incitation le plus souvent financière (réduction de taxes, bonus, subventions, fixation du prix de l'énergie, règlementations diverses et réglementation des importations d'équipements…) de l'état qui pousse ainsi les individus au respect des normes.

La réglementation est de ce fait un poste d'économie d'énergie à elle toute seule*. Imposer un niveau d'efficacité de climatiseurs importés ou installés dans un pays donné n'est pas innocent. Une telle règlementation aura pour effet une forte économie sur la consommation des équipements de climatisation indépendamment de l'utilisation des appareils installés.*

18.2 Performances énergétiques du bâtiment

La certification fournit les informations techniques indispensables pour l'évaluation des performances énergétiques et/ou environnementales des bâtiments. Elle peut être faite sur un bâtiment existant ou sur un projet de bâtiment à construire. Elle donne les informations de performances du bâtiment aux usagers, aux décideurs, et tout autre acteur du bâtiment et permet d'aboutir à un classement des bâtiments selon diverses catégories arrêtées dans chaque pays.

*La certification permet de classer les bâtiments selon leurs qualités environnementales ou énergétiques : **Bâtiments HQE en France ou LEED** (Leadership in Energy and Environnemental Design) aux Etats Unies etc.*

L'étiquetage du bâtiment consiste en une information succincte donnée à l'usager au moyen d'une étiquette dans un format simple et compréhensible par tous en général sur les consommations énergétiques et/ou nuisances environnementales des équipements ou du bâtiment tout entier.

Dans le bâtiment le paramètre le plus répandu pour caractériser le niveau de consommation énergétique est le rapport de la consommation annuelle d'énergie du bâtiment par m² de surface habitée et par an ou le niveau d'émission de Gaz à effet de serre en équivalent CO_2 par m² et par an.

L'exemple du tableau 18.1, pris en France donne un bon exemple d'étiquettes (ou labels) du bâtiment. Il donne deux étiquettes d'évaluation de la performance énergétique du bâtiment qui peuvent être obtenus à partir d'un diagnostic de performance énergétique (DPE). Les unités sont dans un cas les kWh/m²/an telles que définies ci-dessus et dans l'autre les tonnes d'équivalent CO_2, en tCO2/m²/an, pour les émissions de gaz à effet de serre du même bâtiment.

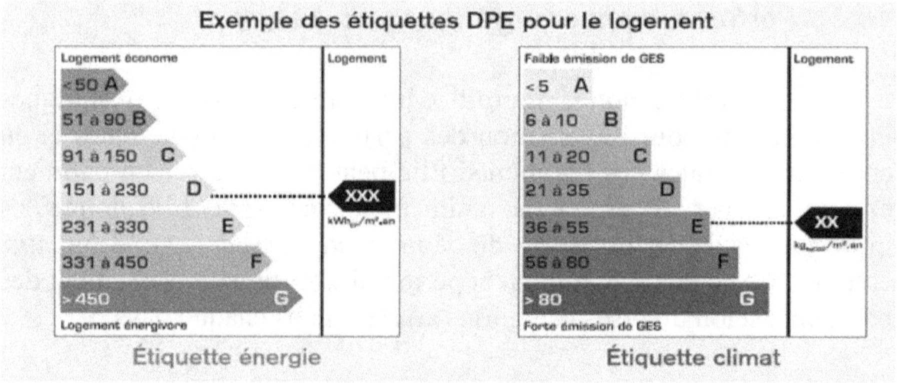

Figure 18.1 Etiquettes bâtiment de la réglementation française ; source ADEME)

Cette réglementation est valable pour un pays tempéré comme la France. Pour un pays tropical chaud et sec ou humide les niveaux de consommation énergétique sont bien sûr différents. Climatiser un local n'induit pas les mêmes niveaux de consommation d'énergie que lorsqu'il s'agit de le chauffer. La climatisation coûte toujours plus cher en énergie que le chauffage à écarts de température et d'humidité comparables.

C'est la raison pour laquelle tous ***les pays chauds comme ceux d'Afrique doivent mettre en place leurs propres réglementations en termes de ventilation, de climatisation, d'isolation, d'isolement, de protections solaires, d'orientation de bâtiment, de forme et structure de l'enveloppe du bâtiment, etc***.

Il y a quelques décennies, c'est ce qui avait été démarré en Côte d'Ivoire conduisant aux résultats donnés par le tableau 18.1, utilisés sans discernement dans les pays d'Afrique de l'ouest et du centre

Type d'immeuble	**médiocre**	**référence**
Grand immeuble de bureau	275	160
Petit immeuble de bureau	250	150
Grand Hôtel	300	180
Hôpital	400	250
Centre commercial	300	200
Appartement d'immeuble	200	130

Tableau 18.1 Réglementation thermique bu bâtiment RCI. Source : Documents Prisme, IEPF

Le schéma de la figure 18.2 provient de la Tunisie qui a également mis en place un étiquetage pour la performance énergétique des bâtiments. Le principe de toutes ces représentations est le même : indiquer par un paramètre simple le niveau de performance de chaque bâtiment.

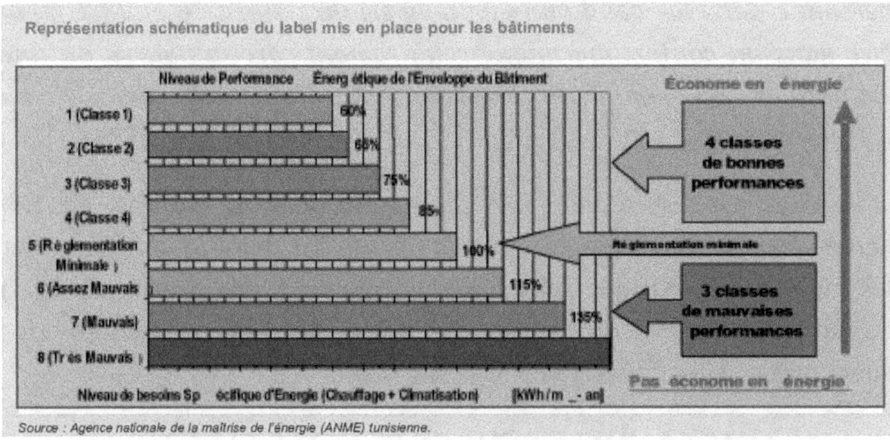

Figure 18.2 Réglementation thermique du bâtiment tunisien

Pour arriver au niveau de performance ou un code de qualité énergétique du bâtiment, plusieurs paramètres doivent être analysés et optimisés. C'est ce que nous proposons dans les chapitres suivants. Quelques-uns de ces paramètres sont essentiels pour démarrer une réflexion sur l'établissement d'un code de qualité énergétique.

18.3 Paramètres clefs de la performance énergétique du bâtiment

18.3.1 La température de consigne de climatisation

Pour déterminer la puissance de climatisation il faut d'abord s'imposer une température de consigne de climatisation. Elle est souvent de 24°C en Afrique au sud du Sahara. A partir de cette température on peut évaluer tous les apports calorifiques du bâtiment et par suite la puissance frigorifique de climatisation à installer.

Cependant quelques études menées au 2iE de Ouagadougou et ailleurs dans d'autres établissements de recherche ou d'enseignement supérieur, prouvent que le niveau de confort thermique optimal d'un africain est bien au-dessus de 24°C. On s'accommode parfois et même très bien de 30°C avec une légère ventilation. ***Cela signifie qu'une personne dans les conditions de température entre 26 et 28°C peut être dans un confort thermique relativement correct pourvu qu'une ventilation ou un bon brassage de l'air soit associé au refroidissement.***

C'est ce qu'a révélé une étude faite au 2iE sur plus de 500 personnes pour déterminer le niveau de confort thermique ressenti par les individus en Afrique subsaharienne. Cette étude (voir figure 18.3) montre que le niveau de **confort thermique ressenti** par les individus concernés se situerait entre 25°C et 30°C.

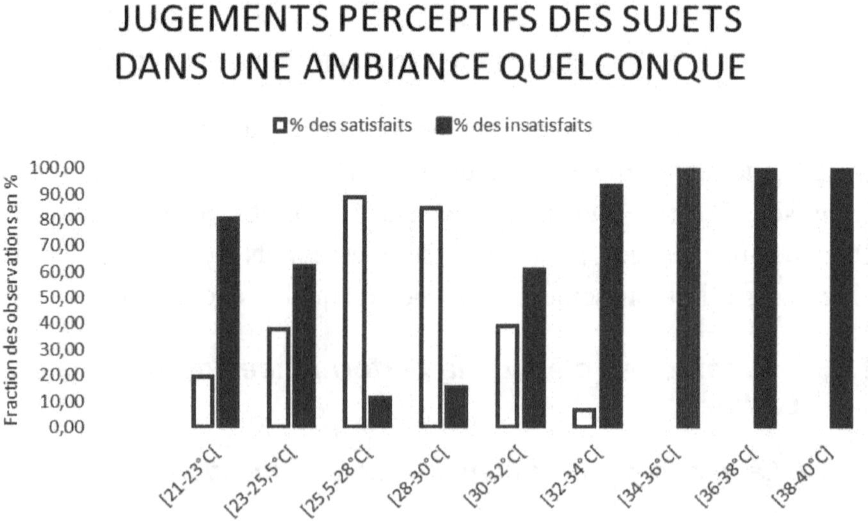

Figure 18.3 Niveau de confort thermique ressenti par les individus dans une étude faite à Ouagadougou.

L'étude montre qu'il est parfaitement possible de proposer une température de consigne de climatisation de 26 voire 27°C dans bon nombre de pays africains. Le résultat d'une telle règlementation dans un pays serait de réduire la puissance de climatisation à travers tout le pays.

Une augmentation de 1°C de la **température de climatisation** peut réduire de 2 à 5% la consommation d'énergie de climatisation. A l'instar de la température de consigne de chauffage dans les pays tempérés, il est parfaitement possible d'imposer une température de climatisation dans les pays chauds. Le résultat sera inéluctablement une baisse de la consommation énergétique.

Remarque importante : *L'expérience montre qu'un bon confort thermique est réalisable dans un bâtiment climatisé même à 32°C si on se donne la peine d'associer une ventilation à la climatisation. Le corps humain ayant une température de peau voisine de 34°C, de l'air à 32°C peut parfaitement conduire au confort thermique en convection forcée. Ce schéma de climatisation/ventilation est donc un principe d'économie d'énergie très efficace.*

18.3.2 L'isolation thermique du bâtiment

Un bâtiment climatisé perd sa fraicheur par l'enveloppe en contact avec l'atmosphère environnante.

Avec **le soleil, l'air extérieur** est la source de gain calorifique du bâtiment la plus importante. Les deux chaleurs du soleil et de l'air atmosphérique transitent par les murs suivant la formule :

$$\mathbf{Q = K\,S\,(T_e - T_i + \Delta T_f)}$$

T_e et T_i sont les températures extérieure et intérieure du local.
ΔT_f est un écart de température fictif dû aux apports solaires.

Ces deux apports de chaleur représentent souvent plus de 75 % de toute la chaleur reçue par un battement climatisé.

La chaleur qui passe par la paroi d'un mur extérieur est directement proportionnelle au coefficient global d'échange thermique du local K.

Les coefficients globaux d'échange des murs non isolés sont voisins de 3 W m^{-2} K^{-1}.

Une isolation de 5 cm de laine de verre appliquée à un mur donne un coefficient K plus faible.

Un mur de coefficient global de 2,5 W m^{-2} K^{-1} auquel on applique un isolant de 5 cm d'épaisseur et de conductivité thermique de 0,03 W m^{-1} K^{-1} voit son coefficient global d'échange thermique passer à 0,5 W m^{-2} K^{-1}. Le flux de chaleur est divisé par 5.

C'est la raison pour laquelle l'isolation thermique revêt un caractère important dans un local climatisé. Une réglementation thermique du bâtiment doit donc prendre en compte l'isolation des bâtiments en la leur imposant. C'est ce qui est fait dans le cas du chauffage dans de nombreux pays tempérés.

L'isolation thermique ainsi que le taux de renouvellement d'air conduisent à un coefficient de gain thermique global par l'enveloppe G calculable pour chaque bâtiment. A défaut de pouvoir calculer un **coefficient G** pertinent pour la climatisation, il est parfaitement possible de définir un coefficient de gains thermiques par les parois « K.S » qui ne prend en compte que les échanges thermiques par convection et conduction à travers l'enveloppe du bâtiment.

18.3.3 Le renouvellement d'air

Le taux de renouvellement d'air d'un immeuble climatisé renseigne également sur le niveau de gains thermiques de ce bâtiment. Dans les immeubles climatisés le renouvellement d'air est soit provoqué soit accidentel. Il faut dans tous les cas un minimum de renouvellement d'air pour que le bâtiment soit vivable.

Les taux de renouvellement d'air pratiqués sont souvent excessifs. C'est le cas pour tous les immeubles dont les fenêtres et les portes et autres ouvertures ferment mal. On assiste dans ce cas à un taux de renouvellement par infiltration excessif.

Un bâtiment dont le taux de renouvellement d'air est de 1,5 volume à l'heure verra sa charge thermique de climatisation due au renouvellement d'air tripler par rapport à un bâtiment dont le taux de renouvellement est de 0,5.

Quoique plus difficile à mettre en œuvre il existe des méthodes d'évaluation des gains thermiques dus aux renouvellements d'air.

Une réglementation thermique du bâtiment doit pouvoir imposer une valeur maximale de renouvellement d'air à ne pas dépasser par type de locaux.

18.3.4 Les degrés jours en climatisation

En zone tempéré ou froide le coefficient de déperdition thermique G est le paramètre unique pour caractériser les pertes calorifiques du bâtiment. Il prend en compte les déperditions par les parois ainsi que les échanges par renouvellement d'air. On calcule alors les déperditions thermiques annuelles E.

$$E = G.V.DJ.\ t$$

G est le coefficient de déperdition thermique du bâtiment,
V est le volume du bâtiment,
***DJ est le degré jour** ou écart de température moyen annuel de la localité*
t est le temps de chauffage annuel.

C'est une formule très commode pour chiffrer les déperditions thermiques d'un bâtiment chauffé.

Dans les cas des pays chauds où les locaux sont climatisés le problème posé est différent. En lieu et place des déperditions thermiques (Figure 18.4) on parle de gains thermiques (flèches entrantes).

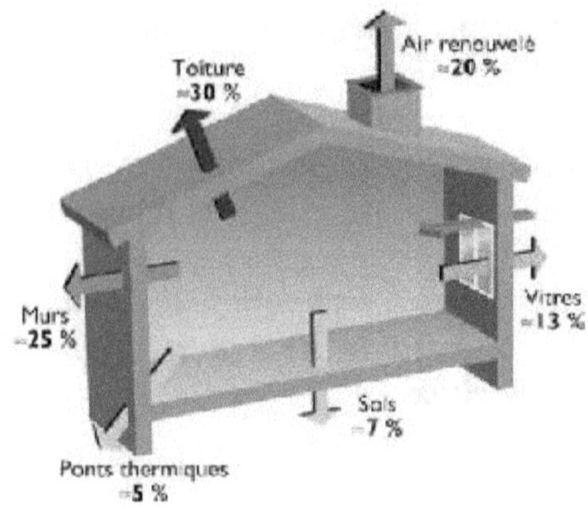

Figure 18.4 Echanges d'un local chauffé et coefficient de déperditions thermiques global. Source : Doc Thermobat

Ceux-ci sont :

- Les échanges par les parois avec l'atmosphère externe
- Les échanges par renouvellement d'air
- Les échanges par rayonnement solaire ou non à travers les parois opaques
- Les échanges par rayonnement solaire à travers les vitrages
- Les gains de chaleur internes (appareils, individus…

Il est impossible de trouver une formule simple comme celle donnée ci-dessus pour le chauffage pour caractériser les gains de chaleur à évacuer par la climatisation. C'est la raison pour laquelle il n'y a pas de coefficient G de climatisation. Toute tentative de chiffrer de façon condensée les gains de chaleur d'un local conduit à une situation ou l'évaluation de ces gains est incomplète.

En effet les Degré jour (DJ) définis ci-dessus ne peuvent pas être considérés pour les gains de chaleur solaire, ni à travers les murs ni à travers les vitrages, encore moins pour les gains de chaleur interne (métabolisme des individus, appareils électriques, autres sources de chaleur interne), sans oublier les gains de chaleur latente.

Malgré ces difficultés il peut être pertinent d'évaluer un bâtiment par un coefficient G qui caractérisera ici sa capacité à s'échauffer par conduction thermique et par infiltration d'air chaud. On pourra toujours arguer que la capacité à s'échauffer par absorption du rayonnement solaire par les murs plus ou moins sombres et par effet de serre par les vitrages n'est pas prise en compte. C'est pourquoi un bâtiment climatisé doit être caractérisé par plusieurs paramètres au lieu d'un seul paramètre G comme dans le cas des pays ou le chauffage est de règle.

18.3.5 Caractériser l'enveloppe du bâtiment climatisé

Comme expliqué plus haut la climatisation n'est pas tout simplement l'inverse du chauffage en termes de raisonnement en rapport avec les chaleurs dans le bâtiment. Elle est un cas particulier à étudier poste par poste. Plusieurs paramètres peuvent être pris en compte dans une telle étude. Sans être exhaustifs on peut citer :

- Le coefficient G pour mesurer les échanges avec l'air ambiant extérieur comme dans le cas du chauffage ;
- L'écart de température fictif ΔTf pour caractériser la capacité du bâtiment à s'échauffer par absorption du rayonnement solaire ;
- Le rapport ouvertures vitrées sur surface opaque ou murs (ROM).

La liste n'est pas exhaustive mais doit être limitée pour éviter la complexité et les difficultés de compréhension et de mise en œuvre.

La commodité du paramètre G en climat tempéré est tel qu'il est possible à partir de sa connaissance de calculer la facture énergétique des habitations par connaissance des degrés jour de la région concernée. Dans le cas de la climatisation un tel calcul est impossible.

Les paramètres G, ΔTf et ROM… doivent être déterminés et comparés à des normes fixées pour classer le bâtiment. Après tout, la formule ci-dessus donnée pour le calcul de l'énergie annuelle du chauffage n'est qu'approximative et permet en fin de compte de faire des comparaisons entre plusieurs bâtiments sans jamais pouvoir chiffrer de façon précise les déperditions thermiques de ces bâtiments. Une réglementation thermique du bâtiment climatisé doit donc conduire à un résultat similaire.

Parallèlement à ces trois paramètres il est bon de pouvoir indiquer à défaut des degrés/jour, et à quel moment de l'année la climatisation est nécessaire dans un pays donné. Il y a en effet des mois de l'année ou une simple ventilation suffit à donner le confort thermique. Une telle règle de mois imposés pour la ventilation, doit pouvoir faire l'objet d'une réglementation, tenant compte des zones climatiques pour chaque pays et à l'intérieur d'un même pays.

Une règlementation énergétique ne s'arrête pas là. Elle doit également considérer les matériaux de construction, les équipements et appareils domestiques ou de bureau, l'urbanisation, les types d'énergie finale et/ou utile en rapport avec les problèmes d'énergie à résoudre. Elle doit se fixer des objectifs clairs et précis de réduction de la consommation énergétique dans chaque type de bâtiment et dans chaque région du pays, et proposer un étiquetage des bâtiments et des appareils. C'est un travail pluridisciplinaire pour lequel il doit être fait appel à un maximum de compétences dans chaque pays concerné.

Conclusion

Cet ouvrage a passé en revue la quasi-totalité des processus qui utilisent l'énergie dans le bâtiment. Il s'est voulu délibérément large en champ d'action, parce que l'énergie embrasse toutes les disciplines scientifiques. Quand on traite des économies d'énergie on peut difficilement faire autrement. Les économies d'énergie et l'efficacité énergétique traitées regroupent toutes les méthodes d'utilisation optimale des objets, processus et activités rencontrés dans le bâtiment. Ces objets vont de la bougie aux appareils les plus sophistiqués de la robotique. De là vient les difficultés de traitement de ce thème.

Ce livre suggère surtout une méthode de travail, en se focalisant sur les cas les plus fréquents de calcul d'énergie. C'était son objectif majeur tant il est vrai que des économies d'énergie peuvent être réalisés à tous les niveaux.

Une ambition du livre a été aussi de s'adresser à plusieurs types d'auditoires dont les spécialistes à qui les fastidieuses démonstrations scientifiques s'adressent, et les profanes qui ne demandent que des recettes de cuisines. L'expérience de l'enseignement de l'efficacité énergétique montre que ces profanes sont aussi bien intéressés par ce thème et ses méthodes et résultats que les spécialistes.

Bibliographie

1 Institut de l'Energie et de l'environnement des pays francophones, *Maîtrise de l'énergie dans les bâtiments*. PRISME, Actes de l'atelier de Yaoundé, 1993.

2 A. Libert, *Le calcul des charges calorifiques en conditionnement d'air*. Numéro Spécial de chaud-froid-plomberie, Paris, 1985

3 H. J. Breidert, Calcul des chambres froides. PYC Editions Livres, Paris, 1998

4 Carrier International LTD, *Manuel Carrier 1ère et 2ème partie*, Carrier corporation 2e édition, New-York, 1960

5 COSTIC, EDF, FNB, Climatisation et développement, *Guide technique de la climatisation individuelle*. SEDIT Editeur, Paris, 1995

6 Collection des guides thématiques de l'AICVF, *Principes de l'aéraulique appliqués au bâtiment.* PYC-Edition, Paris, 1991

7 D. Palenzuela, J.B. Hoffmann COSTIC, EDF, FNB, *Diffusion de l'air en climatisation individuelle*. SEDIT Editeur, Paris, 1995

8 P. Dal Zotto, J. –M. Larre, A. Merlet, L. Picau Mémotech, Génie Energétique : 3è édiction Collection A. Capliez, E L Educative, Editions CASTEILLA, Paris, 2003

9 Maake-Eckert, *Le Nouveau Polhman, Manuel technique du froid.* Pyc édition, Paris 1988

10 Collection des guides de l'AICVF, *Ventilation, conception et calcul des installations des bâtiments et des ouvrages*. PYC Edition, Paris, 1992

11 Association PROMOTELEC, *Locaux d'habitation, Etude thermique et isolation.* 4e édition, PROMOTELEC, Paris, 1995

12 F. Kreith, D. Y. Goswami, Handbook of Energy efficiency and Renewable Energy. CRC Press, Taylor and Francis Group, USA, 2007

13 J. L. Dalmasso, *Cours d'électrotechnique, 1. Machines tournantes à courant alternatifs*. Nouvelle édition, Edition DIA-Technique Supérieur, Paris, 1985

14 M. Carlier, *Hydraulique générale et appliquée*. Editions Eyrolles, Paris, 1972

15 P. Le Goff, *Energétique industrielle 2, Analyse économique et optimisation des procédés*. TEC&DOC, Lavoisier, Paris, 1980

16 Y. Coulibaly, A. Brew-Hammond, *RET 551 Energy policy and planning*. KNUST, Kumasi, 2012
17 R. Cyssau, COSTIC, *Manuel de la régulation et de la gestion technique*. Pyc édition, Paris, 1995
18 Collection des guides de l'AICVF, *Ventilation, conception et calcul des installations de ventilation des bâtiments et des ouvrages*. Pyc éditions, Paris, 1992
19 Collection des guides de l'AICVF, *Aéraulique, Principe de l'aéraulique appliqué au génie climatique*. Pyc éditions, Paris, 1991

ANNEXES

Annexe 1 : Diagramme h-log P du Freon 134a (Doc Coolpack)

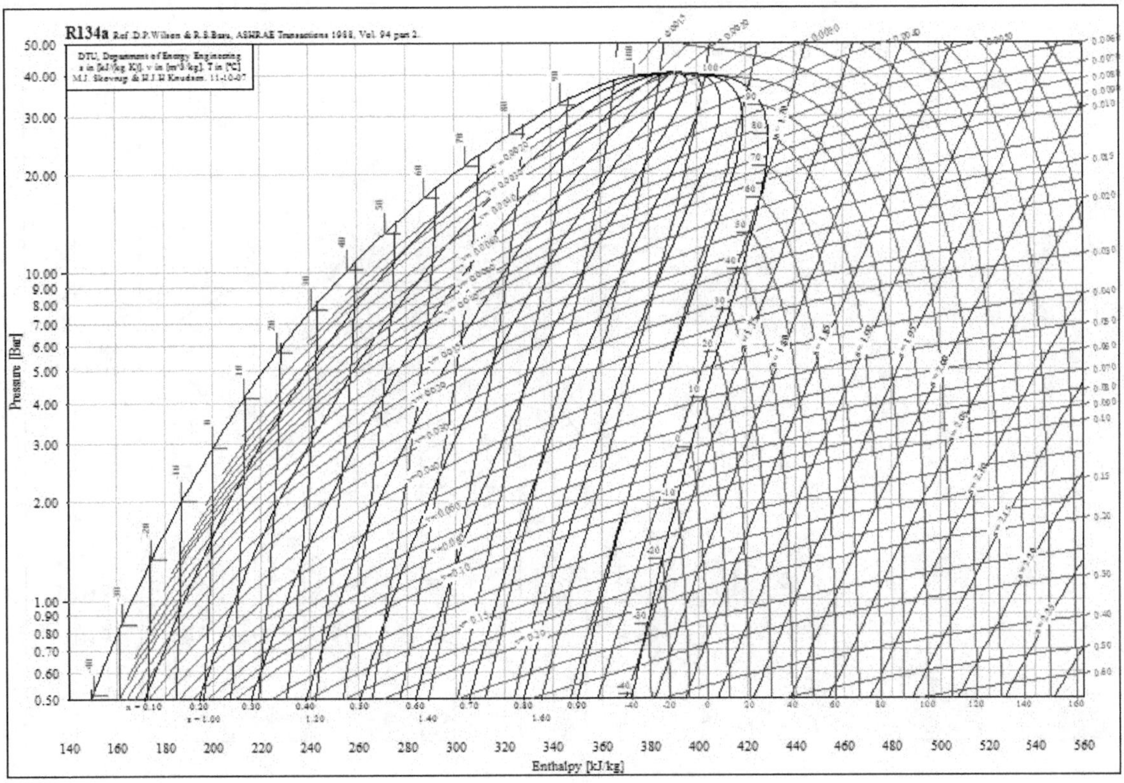

Annexe 2 : Diagramme de l'air humide

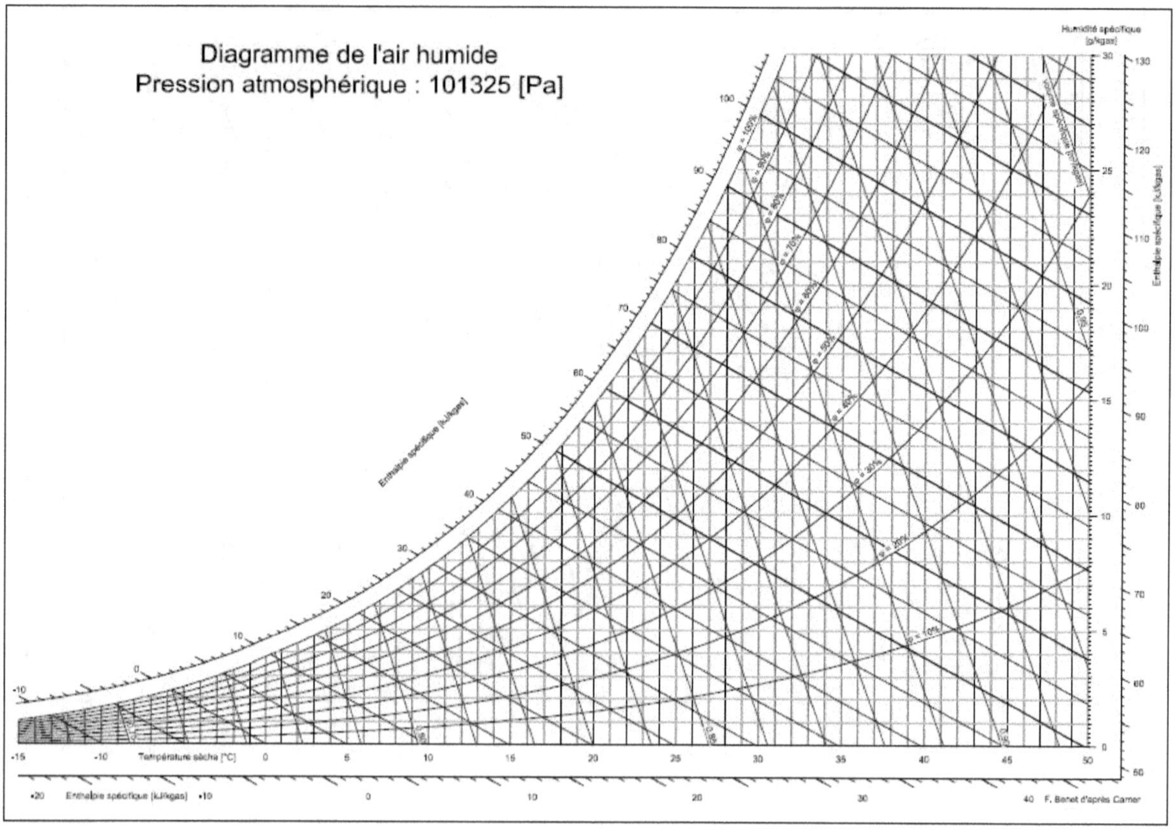

Annexe 3 : Coefficient d'échange global H des matériaux usuels dans le bâtiment

Béton de gravillons	Coefficient H en kcal h^{-1} m^{-2} $°C^{-1}$				
	Epaisseur en cm				
	10	15	20	25	30
sans enduit	3,9	3,4	3	2,8	2,5
avec enduit intérieur plâtre	3,5	3,1	2,7	2,6	2,3
Pierre dure granite, pierre volcanique, etc.	**Coefficient H en kcal h^{-1} m^{-2} $°C^{-1}$**				
	Epaisseur en cm				
	20	30	40	50	60
sans enduit	3,6	3,2	2,9	2,6	2,4
avec enduit intérieur plâtre	3,3	3	2,7	2,5	2,3
Pierre calcaire	**Coefficient H en kcal h^{-1} m^{-2} $°C^{-1}$**				
	Epaisseur en cm				
	20	30	40	50	60
sans enduit	2,8	2,3	2	1,7	1,5
avec enduit intérieur plâtre	2,6	2,1	1,9	1,6	1,4

Aggloméré creux ciment - gravillons	Coefficient H en kcal h^{-1} m^{-2} °C^{-1}			
	Epaisseur en cm			
	15	20	25	30
sans enduit	2,7	2,3	2,1	1,9
avec enduit intérieur plâtre	2,5	2,2	2	1,8
Brique pleine	Coefficient H en kcal $h^{-1}m^{-2}$°C^{-1}			
	Epaisseur en cm			
	11	22	33	44
sans enduit	3,9	3,4	3	2,5
avec enduit intérieur plâtre	3,5	3,1	2,7	2,3
Brique creuse	Coefficient H en kcal h^{-1} m^{-2} °C^{-1}			
	Epaisseur en cm			
	10	15	20	25
sans enduit	2	1,6	1,3	1,2
avec enduit intérieur plâtre	1,8	1,5	1,2	1,2

<table>
<tr><td rowspan="2">COEFFICIENTS DE TRANSMISSION
(suite)
Mur rideau</td><td colspan="3">Coefficient H en kcal h^{-1} m^{-2} $°C^{-1}$</td></tr>
<tr><td colspan="3">Epaisseur isolant en cm</td></tr>
<tr><td></td><td>2,5</td><td>5</td><td>7,5</td></tr>
<tr><td>isolation laine de verre</td><td>1</td><td>0,6</td><td>0,4</td></tr>
<tr><td>autre isolation</td><td>1,5</td><td>0,9</td><td>0,6</td></tr>
<tr><td rowspan="2">Cloison en
briques creuses</td><td colspan="3">Coefficient H en kcal h^{-1} m^{-2} $°C^{-1}$</td></tr>
<tr><td colspan="3">Epaisseur briques en cm</td></tr>
<tr><td></td><td>3,5</td><td>5</td><td></td></tr>
<tr><td>enduit plâtre 2 faces</td><td>1,5</td><td>0,9</td><td></td></tr>
<tr><td rowspan="2">Fenêtre à
exposition normale</td><td colspan="3">Coefficient H en kcal h^{-1} m^{-2} $°C^{-1}$</td></tr>
<tr><td>châssis bois
5</td><td colspan="2">châssis métallique
6</td></tr>
<tr><td>exposition avec vent fort</td><td>6</td><td colspan="2">7</td></tr>
<tr><td>Toiture tuiles ou ardoises ou fibrociment</td><td colspan="3">Coefficient

H en kcal h^{-1} m^{-2} $°C^{-1}$</td></tr>
</table>

sans voligeage	5		
avec voligeage	3,5		
Toiture fibrociment ondulé ou tôle galvanisé ondulée	Coefficient H en kcal/h.m².°C		
sans doublage intérieur	8		
avec doublage (fibrociment)	4		
Terrasse béton + forme + étanchéité + gravillons	Coefficient H en kcal h^{-1} m^{-2} $°C^{-1}$		
	Epaisseur dalle béton en cm		
	10	15	20
	2,6	2,3	2,2
Plancher préfabriqué 12 + 4 cm ou 16 + 4 cm	Coefficient H en kcal/h.m².°C		
avec carrelage	1,7		
avec parquet/lambourdes	1,2		

Annexe 4 : gains de chaleur des occupants. Source : Calcul des charges calorifiques de Carrier

				TABLE 48 - GAINS DUS AUX OCCUPANTS									
DEGRE D'ACTIVITE	APPLICATION TYPE	Métabolisme homme Adulte (Kcal/h)	Métabolisme homme (Kcal/h)	TEMPERATURES SECHE DU LOCAL (°C)									
				28		27		26		24		21	
				Kcal h^{-1}		Kcal h^{-1}		Kcal h^{-1}		Kcal h^{-1}		Kcal h^{-1}	
				Sensibles	Latents	Sensibles	Latents	Sensibles	Latents	Sensibles	Latents	Sensibles	Latents
Assis, au repos	Théâtre, Ecole primaire	98	88	44	44	49	39	53	35	58	30	65	23
Assis, travail très léger	Ecole secondaire	113	100	45	55	48	52	54	46	60	40	68	32
Assis, bureau, Ecole Sup.	Bureau, Hôtel, Appartement, Ecole supérieure	120	113	45	68	50	63	54	59	61	52	71	42
Debout, marche lente	Magasin, boutique	139											

Assis, Debout	Drugstore	139	126	45	81	50	76	55	71	64	62	73	53
Debout, marche lente	Banque	139											
Assis	Restaurant †	126	139	48	91	55	84	61	78	71	68	81	58
Travail léger à l'établi	Usine, travail léger	202	189	48	141	55	84	61	78	71	68	92	97
Danse	Salle de danse	227	214	55	159	62	152	69	145	82	132	101	113
Marche 5 kmh^{-1}	Usine, travail assez pénible	252	252	68	184	76	176	83	169	96	156	116	136
travail pénible	Piste de Bowling, Usine	378	365	113	252	117	248	122	243	132	233	152	213

Annexe 5 : Rayonnement global G incident sur une surface plane en W m^{-2}

Cas d'un site à 10 à 15° de latitude nord. Les mêmes tableaux peuvent être utilisés en latitude sud en changeant les mois et orientations. Source : Y. Coulibaly Thèse ès science UCAD

Janv.	7	8	9	10	11	12	13	14	15	16	17
H	49	257	481	687	809	869	835	766	602	380	139
S	79	253	395	497	562	589	578	530	444	293	145
SO	46	89	125	160	300	439	554	619	611	426	205
O	46	89	125	154	174	183	312	445	505	391	200
NO	46	89	125	154	174	183	181	168	188	209	133
N	46	89	125	154	174	183	181	168	145	140	94
NE	76	188	204	154	174	183	181	168	145	140	94
E	121	394	507	488	383	225	181	168	145	140	94
SE	122	421	587	633	596	499	368	227	145	140	94

Fev.	7	8	9	10	11	12	13	14	15	16	17
H	52	243	473	671	787	827	823	717	555	395	172
S	81	226	349	442	503	530	522	480	405	285	158
SO	52	97	135	166	244	393	520	600	610	459	253
O	52	97	135	166	186	196	327	475	551	453	262
NO	52	97	135	166	186	196	195	182	262	270	179
N	52	97	135	166	186	196	195	182	158	151	106
NE	102	249	281	231	186	196	195	182	158	151	106
E	152	442	557	534	420	251	195	182	158	151	106
SE	143	433	586	622	576	471	332	182	158	151	106

Mars	7	8	9	10	11	12	13	14	15	16	17
H	87	298	549	735	900	953	922	765	644	409	190
S	83	181	275	351	403	425	418	380	315	236	141
SO	65	109	148	179	199	327	462	552	575	455	270
O	65	109	148	179	199	209	356	514	596	502	307
NO	65	109	148	179	199	209	207	288	367	348	231
N	65	109	148	179	199	209	207	193	168	160	113
NE	168	341	382	332	225	209	207	193	168	160	113
E	230	509	606	568	440	258	207	193	168	160	113
SE	195	444	563	577	514	396	249	193	168	160	113

Avril	7	8	9	10	11	12	13	14	15	16	17
H	135	361	573	790	867	921	921	774	585	380	166
S	106	145	165	220	257	273	263	231	180	175	132
SO	81	124	161	191	209	243	375	465	492	421	270
O	81	124	161	191	209	217	392	543	617	516	316
NO	81	124	161	191	209	217	304	419	481	403	245
N	81	124	161	191	209	217	213	198	172	162	115
NE	245	422	488	435	327	217	213	198	172	162	115
E	338	567	627	566	425	236	213	198	172	162	115
SE	281	453	494	478	396	270	213	198	172	162	115

Mai	7	8	9	10	11	12	13	14	15	16	17
H	161	362	594	716	838	847	829	710	589	383	173
S	167	237	270	284	290	292	291	286	273	247	173
SO	89	129	164	192	209	263	397	501	552	467	303
O	89	129	164	192	209	216	393	537	607	509	324
NO	89	129	164	192	209	216	283	374	407	349	224
N	89	129	164	192	209	216	211	196	170	163	118
NE	236	364	407	378	292	216	211	196	170	163	118
E	376	570	614	548	408	224	211	196	170	163	118
SE	348	518	558	510	407	276	211	196	170	163	118

Juin	7	8	9	10	11	12	13	14	15	16	17
H	152	321	527	713	780	819	766	710	574	395	213
S	194	280	324	345	354	357	355	348	329	287	203
SO	87	127	161	187	204	301	431	532	582	491	332
O	87	127	161	187	204	211	375	519	593	505	339
NO	87	127	161	187	204	211	222	314	356	320	219
N	87	127	161	187	204	211	207	193	169	165	122
NE	211	321	356	325	240	211	207	193	169	165	122
E	370	557	601	540	405	228	207	193	169	165	122
SE	363	540	588	548	453	326	207	193	169	165	122

Juil.	7	8	9	10	11	12	13	14	15	16	17
H	138	303	500	630	767	786	776	629	544	415	221
S	178	265	309	330	339	342	341	334	319	283	206
SO	83	123	157	185	202	279	411	519	576	496	346
O	83	123	157	185	202	210	363	513	596	517	357
NO	83	123	157	185	202	210	223	320	367	334	233
N	83	123	157	185	202	210	207	194	170	169	126
NE	204	325	368	342	261	210	207	194	170	169	126
E	349	552	607	553	421	244	207	194	170	169	126
SE	338	528	584	548	454	327	207	194	170	169	126

Aout	7	8	9	10	11	12	13	14	15	16	17
H	110	274	473	606	697	709	714	635	533	325	186
S	138	202	230	241	244	246	246	244	236	228	168
SO	80	122	158	186	204	213	353	468	533	464	314
O	80	122	158	186	204	212	375	532	617	526	348
NO	80	122	158	186	204	212	300	398	440	378	249
N	80	122	158	186	204	212	208	194	170	167	122
NE	225	379	438	418	336	212	208	194	170	167	122
E	343	567	628	570	431	244	208	194	170	167	122
SE	307	494	542	497	394	259	208	194	170	167	122

Sept.	7	8	9	10	11	12	13	14	15	16	17
H	127	332	495	669	822	848	900	704	519	326	122
S	82	145	217	278	318	332	320	282	223	175	109
SO	80	122	158	187	204	293	425	512	530	411	232
O	80	122	158	187	204	211	402	553	623	498	282
NO	80	122	158	187	204	211	264	382	447	385	231
N	80	122	158	187	204	211	206	190	163	156	108
NE	267	426	449	386	270	211	206	190	163	156	108
E	347	575	629	561	412	216	206	190	163	156	108
SE	271	459	534	517	431	300	206	190	163	156	108

Oct.	7	8	9	10	11	12	13	14	15	16	17
H	179	378	576	769	834	873	738	686	502	275	79
S	133	249	346	419	462	474	453	401	320	216	106
SO	79	120	156	182	266	414	532	594	577	394	167
O	79	120	156	182	199	231	414	544	584	422	181
NO	79	120	156	182	199	204	197	281	338	285	141
N	79	120	156	182	199	204	197	179	151	139	88
NE	220	331	328	251	199	204	197	179	151	139	88
E	333	548	591	517	366	204	197	179	151	139	88
SE	297	514	599	587	504	375	223	179	151	139	88

Nov.	7	8	9	10	11	12	13	14	15	16	17
H	122	343	572	718	808	840	808	644	497	273	66
S	149	303	422	504	552	564	539	479	383	235	95
SO	70	109	144	192	338	475	578	622	582	364	125
O	70	109	144	170	186	219	386	499	523	354	127
NO	70	109	144	170	186	191	184	182	239	212	98
N	70	109	144	170	186	191	184	167	139	127	76
NE	153	237	224	170	186	191	184	167	139	127	76
E	268	485	536	473	336	191	184	167	139	127	76
SE	267	513	618	621	552	434	292	167	139	127	76

Dec.	7	8	9	10	11	12	13	14	15	16	17
H	86	305	538	713	806	866	811	724	540	322	92
S	132	319	456	551	607	626	607	550	455	296	120
SO	47	84	115	188	341	488	605	669	651	469	191
O	47	84	115	139	154	159	340	479	535	424	185
NO	47	84	115	139	154	159	155	141	175	189	104
N	47	84	115	139	154	159	155	141	118	97	58
NE	110	192	173	139	154	159	155	141	118	97	58
E	220	473	540	481	342	159	155	141	118	97	58
SE	230	526	658	673	608	490	342	190	118	97	58

Annexe 6 : Coefficient d'absorption des maçonneries. Source : le calcul des charges calorifiques en conditionnement d'air de A. Libert

$F_\alpha = 0{,}55$ pour les parois de teinte claire (gris, bleu, ou vers clair, rose, blanc, ivoire, métaux polis ou réfléchissant)

$F_\alpha = 0{,}77$ pour les teintes moyennes (bleu, rouge vif, jaune gris...)

$F_\alpha = 0{,}85$ pour les teintes moyennes vieillissantes (revêtements plastiques)

$F_\alpha = 0{,}9$ à 1 teinte foncée et rugueuse (façades en pierres)

ANNEXE 7 : INFILTRATIONS

Valeurs des infiltrations d'air par les fenêtres

TYPE DE FENETRE	MODE DE CONSTRUCTION	Valeurs en m³/h de l'air extérieur d'infiltration pour 1 m de fente (supposé uniformément de 2 à 3 mm de large)					
		Vitesse du vent arrivant perpendiculairement à la surface de la fenêtre à : (1)					
		≥ 10 Km h⁻¹	15 km h⁻¹	25 km h⁻¹	33 km h⁻¹	40 km h⁻¹	50 km h⁻¹
Fenêtre à 2 vantaux (dite à la française)	fenêtre de construction courante avec châssis en bois (2)	0,7	2,0	3,5	5,5	7,5	10,0
	fenêtre de construction courante avec châssis métallique (3)	2,0	4,5	7,0	10,0	13,0	15,5
Fenêtre à projection (dite à l'australienne)	fenêtre de construction courante avec châssis en acier	1,5	3,5	6,0	8,0	10,0	13,0
	fenêtre de construction soignée avec châssis en acier	1,3	3,0	4,8	7,0	9,0	11,5
Fenêtre pivotant verticalement	fenêtre de construction moyenne avec cadre en profilés métalliques	2,8	8,0	13,0	17,0	21,0	22,0

(1) Lorsque le vent arrive obligatoirement (à au moins 30° de la perpendiculaire) par rapport à la surface de la fenêtre, minorer les valeurs ci-dessous de 30 %.

(2) Ces valeurs peuvent être minorées de 35 à 40 % en cas d'utilisation de joints aux fentes.

(3) Ces valeurs peuvent êtres minorées de 50 à 60 % en cas à utilisation de joints aux fentes.

Valeurs des infiltrations d'air extérieur par les portes

TYPE DE FENETRE	MODE DE CONSTRUCTION	Valeurs en m³/h de l'air extérieur d'infiltration pour 1 m.l de fente (supposé uniformément de 2 à 3 mm de large)					
		Vitesse du vent arrivant perpendiculairement à la surface de la fenêtre à : (1)					
		≥ 10 km h^{-1}	15 km h^{-1}	25 km h^{-1}	33 km h^{-1}	40 km h^{-1}	50 km h^{-1}
Porte	porte en glace trempée dans châssis mais avec chambranle métallique	28	2,0	3,5	5,5	7,5	10,0
			4,5	7,0	10,0	13,0	15,5
Porte	porte en bois et châssis bois ou métallique (2)	5	7	10	15	19	24
Porte	porte métallique avec châssis métallique	18	36	55	72	90	110

(1) et (2) = cf notes (1) et (2) du tableau précédent

INFILTRATION PAR LES PORTES FREQUEMMENT OUVERTES

	PORTES ORDINAIRES		PORTES TOURNANTES
	en glace	en menuiserie	
	$m^3\ h^{-1}\ m^{-2}$	$m^3\ h^{-1}\ m^{-2}$	$m^3\ h^{-1}\ m^{-2}$
Magasins de détail vendant des articles de grande consommation	300	225	100
Magasins d'articles de luxe Petites ateliers faisant des travaux de dépannage rapide	60	40	29
NOTE : Ces valeurs sont établies pour 23 à 30 ouvertures de porte.			

NB : Lorsque la porte entre deux locaux est ouverte en permanence, on peut retenir que les deux locaux sont assimilables à un local unique climatisé par le local où est situé l'unité de climatisation.

Source : COSTIC

Achevé d'imprimer par
les Presses Universitaires
03 BP 7021 Ouagadougou 03
Tél. Std : (+226) 25 30 70 64/64
Ld : (+226) 25 31 31 37
Poste : 2315 - 2317 - 2318 - 2319 – 2322

BURKINA FASO

www.ingramcontent.com/pod-product-compliance
Lightning Source LLC
LaVergne TN
LVHW082035051026
849532LV00011B/3362